素心小语

如果心不净 怎么过都是烦

赵 凡／编著

Suxin Xiaoyu

RUGUO XINBUJING
ZENMEGUO DOUSHIFAN

廣東旅游出版社
GUANGDONG TRAVEL & TOURISM PRESS
悦读书·悦旅行·悦享人生

图书在版编目（CIP）数据

素心小语 / 赵凡编著. — 广州 : 广东旅游出版社,2014.6
ISBN 978-7-80766-849-7

Ⅰ. ①素… Ⅱ. ①赵… Ⅲ. ①人生哲学－通俗读物
Ⅳ. ①B821-49

中国版本图书馆CIP数据核字（2014）第098617号

责任编辑：梅哲坤
封面设计：兆天书装

广东旅游出版社出版发行
（广州市天河区五山路483号华南农业大学公共管理学院14号楼3层　邮编：510640）
北京紫瑞利印刷有限公司
（地址：北京市海淀区上庄路58号）
广东旅游出版社图书网
www.tourpress.cn
联系电话：020-87348243
710毫米×1000毫米　16开　14印张　210千字
2014年6月第 1 版第 1 次印刷
定价：32.00元

前言

人生是一场关于身心的修行。然而，我们经常劝人要保重身体，却很少劝人要保养心灵。实际上养心比养身更重要，因为心理的建设、心理的健全，既能为身体健康打好基础，又能为人生航船引领正确的方向。

有的人治家很好，治心却差，他把家庭管理得很好，可是对自己内心的贪婪、愚痴、邪念等等却没有办法，常常为了心里的七情六欲而苦恼。所以，治心也是人生的一大课题。

社会纷繁复杂，有人因此会说，环境所迫，使我不得不使用机巧智谋，然而机巧智谋无论正确与否都要付出代价——思虑太深，劳心费神，这样的生活不会快乐到哪里去。不如做个心地纯洁、淡泊宁静的素心人，或许这样才能真正可以抛却烦恼，离苦得乐。

什么样的人是素心人？素心人的心灵是纯净的，这绝不是说素心人如同一张没被描画的白纸，他们完全洞悉世事，更加知道该以何种态度面对人生。素心人不是不闻世情，故作清纯，相反，他们深知人间百态，但却仍可以保持质朴，不被污染；素心人不刻意躲避尘世喧嚣，而是持一颗淡泊心，不再受物质、名利的束缚；素心人性情温和，表面看似态度消极，实则是一种稳重和笃定；素心人绝不做龌龊苟且之事，他们内心正直，胸怀坦荡；素心人有君子风范，不与人争，内心宽广，值得敬重；素心人不会在挫折打击面前惶惶然不知所措，而是会以坚忍的态度，振奋精神，以求突破；素心人从不以抱怨的态度看世界，而是对人生充满感恩，在他们眼里，每一种境遇每一个人都能让他们有所收获，即使这种收获的方式很痛苦，他们也一定会感谢上天所有的安排，并相信世间的美好；素心人是乐观的，再多的风雨也不会阻止他们积极地走进生活，享受生活。

这个世界存一颗素心的人已经不多了，无数人深陷在名利的旋涡中，挣扎在失去的痛苦里，他们的思想复杂而沉重，日子尽是烦恼和痛苦，而实际上，这一切的罪魁祸首不是别人，正是自己复杂的心灵。

心灵的选择决定人生的状态。心灵若干净，世界也就干净了，心灵充满阳光，世界也便一片光明。法国作家雨果说过："唯有人的心灵才是起初的。严格说来，相貌不过是一种面具，真正的人在人的内部。"而法国另一位杰出的作家司汤达也说："一个人只要他有纯洁的心灵，无愁无恨，他的青春时期，定可因此而延长。"我们做人的终极目的其实不是有多少物质的收益，等到老去时你会发现，终极的目的还是做一个真正的人。那么就让我们从当下就开始有这样的认识，不必等到老去，修一颗素心，简单地看世界，就可延长青春的寿命。

本书以最朴实的文字，最实在的案例，最精简的总结，告诉你素心人的特质，并指明如何修一颗素心。愿你能在这简单的文字中找到最不简单的安心之法，真正剔除内心的烦恼，找到美好生活的方向，做一个简单纯粹的自由人。

目 录

第1辑　洗净铅华，返璞归真——存一颗质朴心

人活得越久，一颗心越是复杂。心灵纯洁，灵魂才能得以安放；心灵污浊，人便活得辛苦，活得累。有一颗质朴心，你会更纯粹，如果永远保持一颗质朴心，你的心则一直是健康的、鲜活的、舒畅的。

第2辑　身在红尘，心在尘外——存一颗淡泊心

淡泊就是要看轻物质与声名，保持一颗平常心。少了平常心，人就会迷失自己，让欲望蒙蔽双眼而变得贪婪。有人或许会说：“哪个人没有欲

望呢？现在的社会大家都是你追我赶、你争我抢，没有欲望的人就等于没有追求、自甘平庸！”然而人心不足蛇吞象，社会总是在发展进步，要有追求，但绝不可以过分追求，正所谓“人欲无穷，然而知足者常乐”。

第3辑　温和相伴，静心相随——存一颗平和心

我们要努力做一个拥有平和心态的人。平和心是金，它让你无论多么愤怒也会保持理智，它让你无论多么艰难也不会丧失信心，它让你无论多么受挫也不会就此颓废。它会让你清醒地面对世事，平静地接受无常，在身心和谐的情况下，智慧地前进。

第4辑　正心诚意，浩然于胸——存一颗坦荡心

有一句话说得好：君子坦荡荡，小人长戚戚。生而为人，应当有一种浩然之气，对人有诚意，真心待人。只有这样，你才会受到别人的欢迎，才会赢得别人的信任。“以真心换真心”，做人和做事都应如此。

第5辑　天地有止，心灵无界——存一颗宽容心

宽容是一种非凡的气度、宽广的胸怀，是对人对事的包容和接纳。宽容是一种高贵的品质、崇高的境界，是精神的成熟、心灵的丰盈。宽容是人类情感中最重要的一部分，这种情感能融化心头的冰霜。而缺乏宽容，将使个性从伟大堕落到连平凡都不如。

第6辑　点燃希望，笑对挫折——存一颗坚忍心

坚忍是一种不论身处顺境还是逆境，也不管面对尘世的浮华或人间的痛苦都能保持平静的心态而坚持正信和恪守正道的美德。拥有坚忍品格的人，从空间上说，他对突如其来的重重一击从不失态；从时间上说，他能长久地经受困难的挤压，并击倒困难。他在风云变幻的危急时刻从不惊慌失措，因为他知道胜利的产生总是来自于与困难的抗争。一个具有坚忍品格的人，会永远含着微笑，从容迎接生命旅程中的风风雨雨。

第7辑　乌鸦反哺，羊羔跪乳——存一颗感恩心

感恩是一种处世哲学，是生活中的大智慧。感恩可以消解内心所有积怨，感恩可以荡涤世间一切尘埃。人生在世，不可能一帆风顺，种种失败、无奈都需要我们勇敢地面对、豁达地处理。感恩是一种生活态度，是一种品德，是发自肺腑的。如果人与人之间缺乏感恩之心，必然会导致人际关系的冷漠，所以，每个人都应该学会感恩。

第8辑　振作精神，笑对人生——存一颗乐观心

大思想家詹姆斯说：“我们这一代最伟大的发现，就是人类可以凭借改变态度而改变自己的命运。”归根结底，命运的主人还是我们自己，我们要做自己的主人，你选择什么样的态度，往往就有什么样的结果。所以说，悲观者的生活将毫无希望，而乐观者即使受挫，也会在转角处看见光明。

第1辑

洗净铅华，返璞归真
——存一颗质朴心

人活得越久，一颗心越是复杂。心灵纯洁，灵魂才能得以安放；心灵污浊，人便活得辛苦，活得累。有一颗质朴心，你会更纯粹，如果永远保持一颗质朴心，你的心则一直是健康的、鲜活的、舒畅的。

1. 人生有必要给自己留一份纯真

一个人在尘世间走得久了，心灵无可避免地会沾染上尘埃，使原来洁净的心灵受到污染和蒙蔽。这个时候，我们要维系一份童真，保持一份天真，不要让自己的心沾满灰尘，不要让自己被世俗所污染，找不到最初的自己。

小晗属于最早的一批独生子女，所以从小很受父母宠爱。不过小晗的家教很严格，没有让她过分的任性骄横，但她一直觉得自己不会长大，她喜欢那种做孩子的感觉。

在小晗家里还能看到很多可爱的东西，此如喝水用的奶瓶，鸭子形状的茶具什么的，她用的护肤品也都是婴儿用品，动画片的碟片有厚厚一叠，还有一书柜的卡通书，那是她读高中的时候积攒的，现在依然视若珍宝。

有了女儿之后的小晗不仅没有“收敛”，反而多了一个玩伴，让她兴奋不已。但是小晗平时上班的时候还是很注意的，尽量收起童心和幼稚的装束，认真工作。小晗目前在一家广告公司做平面设计，工作起来十分干练，充满幻想的创意也让她颇受老板的赏识，她认为这应该归功于自己的童心。

明朝李贽说：“夫童心者，真心也。若以童心为不可，是以真心为不可也。夫童心者，绝假纯真，最初一念之本心也。若失却童心，便失却真心；失却真心，便失却真人。”童心不能失去，这是做一个真性情人的需要，也是做一个健康、快乐、长寿之人的需要；对女孩来说，童心更不能失去，这是女孩享受宠爱、享受快乐、享受红颜永驻的青春的需要！

莫让失落的童心搁置，在这个纷繁复杂的世界中，请把你那颗心，深深地根植在童趣的沃土里。这时，你的肩膀不会再如此沉重，你会拥有最开心的笑容！大多数人并不会保持童心，相反，他们会在无形之中给自己增加压力，在繁忙的生活中给自己制造一堆心灵垃圾。心理学家曾说过：“人是最会制造垃圾污染自己的动物之一。”的确，清洁工每天早上都要清理人们制造的成堆的垃圾，这些有形的垃圾容易清理，而人们内心诸如烦恼、欲望、忧愁、痛苦等无形的垃圾却不那么容易清理了。因为，这些真正的垃圾常被人们忽视，或者，出于种种的担心与阻碍不愿去扫。譬如，太忙、太累；或者担心扫完之后，必须面对一个未知的开始，而你又不确定哪些是你想要的。万一现在丢掉的，将来想要时却又捡不回来，怎么办？我们在生活中，真的没必要让自己那么累。其实，仔细想一想，我们这么努力，为的是什么？为的无非就是快乐，就是幸福。所以，人生有必要给自己留一份纯真，它就好像是生活的调味剂，缓解了枯燥的苦味，在不知不觉中渗出一缕甘甜。

素心小语

一个人，在尘世间走得久了，心灵无可避免地会沾染上尘埃，使原来洁净的心灵受到污染和蒙蔽。这个时候，我们要维系一份童真，保持一份天真，不要让自己的心沾满灰尘，不要让自己被世俗所污染而找不到最初的自己。

2. 虚荣带给人一时的光彩，却丧失了一世的聪慧

四月的洛阳城，开满了雍容华贵的牡丹，四面八方的人们纷至沓来，只可惜，花开花落，终究摆脱不了一岁一枯荣的命运。人们的虚荣正如那一时的争艳，忘我地享受着众人的目光，过后将是无尽的冷遇。

花开到荼靡，就会影响之后果实的生长，甚至成为无果之花。虚荣岂不同样如此？在花开之后却没有果实作为回报。还记得中学语文课本中的那篇《项链》吗？马蒂尔德为了在舞会上让自我的虚荣心得到满足，于是向富贵的朋友借了一条“价值不菲”的项链作为装饰。她成功了，在舞会上她成为全场的焦点，大放异彩。然而大喜之后的大悲却让她始料未及，项链在舞会结束之后丢失了。马蒂尔德用尽了余生的精力，只是为了偿还朋友的这条项链。谁知命运弄人，原来这条“价值不菲”的项链居然是假的。在弄清事实之后，马蒂尔德也已年老憔悴。

莫泊桑用他那短小精悍的文章告诫人们虚荣心的可怕，它就像蛀虫一样侵蚀着人们的身心。很多年轻貌美的女性，让自己的青春败落在衣着的鲜亮之中。她们没有身心的修养，没有文化的充实，没有灵魂的洗涤……有的只是光鲜靓丽的外表。这样的女性在容颜渐失之后又有什么收获呢？虚荣带给自己一时的光彩，却让自我丧失了一世的聪慧。

在一个由鸟儿建立起的王国里，每只小鸟都认为自己比其他鸟儿漂亮，它们也常常因此而争吵不休。一天，上帝由于受不了这样的吵闹，于

是就宣布：“ 我要在你们中间选出一只最美丽的作为鸟王！在此之后不得有任何一只鸟儿再为美丽而喋喋不休！”

小鸟们为了争夺王冠而修整着自己的羽毛，直到打扮得十分漂亮为止。这时候，在河边徘徊的乌鸦也想要坐上鸟王的宝座。于是它捡起了其他鸟儿落下的羽毛，插在了自己身上。等到美丽的羽毛插满了全身之后，乌鸦探着头往河里一看：“天哪！我居然也变成一只美丽的小鸟啦！”

选举的日子终于来临。在诸种鸟儿之中，乌鸦显得格外引人注目。上帝问乌鸦：“你是什么鸟啊？竟然如此漂亮，我决定封你为王。”乌鸦听到这句话后兴奋不已。然而，就在这个时候，鸟儿们发出了异议。一只鸟发现乌鸦的身上插着自己的羽毛，于是就上前将其拔下。之后又有其他的鸟儿接连地从乌鸦身上拔下了自己的羽毛。到最后，乌鸦全身又是一片漆黑。乌鸦羞愧无比，匆忙地躲进树丛中去了。

本来想要炫耀自我，结果却失了身份。乌鸦在无趣之中现了原形，最终成了整个鸟王国的笑柄。就像乌鸦身上的彩色羽毛一样，虚荣一旦被暴露，丢失的不仅是外表，而且还是自我的尊严。莎士比亚说：“爱好虚荣的人，用一件富丽的外衣遮掩着一件丑陋的内衣。”这不正是乌鸦的所作所为吗？

与其为了虚荣而注重于外表的修饰，还不如潜下心来充实自我的心灵。伟大的寓言家伊索就说过：“向往虚构的利益，往往会丧失现在的幸福。”在期望不可能的尽善尽美的同时，人们反而会失去本可得到的美好的东西。花开是美丽的，但是过于盛艳很可能就会一无所有。生活中的我们当然也不能为了博得他人一时的赞美而丢失了精神中最可贵的真挚，我们不能让虚荣占了上风。

素心小语——如果心不净，怎么过都是烦

素心小语

人们的虚荣正如那一时的争艳，忘我地享受着众人的目光，过后将是无尽的冷遇。它带给自己一时的光彩，却让自我丧失了一世的聪慧。

3. 洗尽铅华后，本色才更加持久

某一天，真实和谎言一起到河边洗澡。真实细致地刷洗着自己身上的污垢，而谎言则匆匆忙忙地洗完澡独自上了岸。

它偷偷穿上了真实的衣服，悄悄地溜走了。当真实上岸之后，找不到自己的衣服，却也不愿意穿谎言的衣服，于是只好一丝不挂地走回去，一路寻找着谎言。

从此，人们错把穿着衣服的谎言当作真实，百般敬重；而真实则因为一直赤裸裸地出现而遭受了人们的白眼和不屑。

披着真实外衣的谎言赢得了人们的尊重，而这些人，也必然会为自己轻率的判断付出代价，因为真实与谎言的最终结果，必然是“真实归于真实，谎言归于谎言”，正如“佛界的归于佛界，魔世的归于魔世。”

一个谎言需要一千个谎言来维持，这正是星云大师之所以认为虚伪地过日子是世上最累人的事的原因。不管多么周密的谎言，总有一天会在阳光的照射下被揭穿。而赤裸裸的真实，也总能够绽放出自己华美的光彩。

浓妆艳抹的风姿虽然能够在第一时间吸引住别人的目光，但洗尽铅华后的本色才更加持久。

浪漫和现实是一对相识已久的恋人。

一次，为了考查现实对自己的忠诚程度，浪漫问：“你到底爱不爱我？”

“十二分地爱你！”现实回答。

“那假如我去世了，你会不会跟我一起走？”

“我想不会。”

“如果我这就去了，你会怎样？”

“我会好好活着！”

浪漫心灰意冷，深感现实靠不住，一气之下和现实分开了，去远方寻觅真爱。

浪漫首先遇到了甜言，接着又碰见蜜语，相处一年半载后，均感不合心意。过烦了流浪的日子，浪漫通过比较，觉得现实还是多少出色一些，就又回到现实身边。

此时，现实已重病在床，奄奄一息。

浪漫痛心地问：“你要是去世了，我该怎么办呢？”

现实用最后一口气吐出一句话：“你要好好活着！”

浪漫猛然醒悟。

现实给出的答案虽然并不能让人动心，但我们却无法不为它的真实所震撼。真正的浪漫源自爱，也源自责任，甜言蜜语固然能让人得到一时的快乐，可是，它却不能成为终身的依靠。

爱情如是，世间万事哪一件不是如此？

人的生命很脆弱，从牙牙学语到撒手人寰，短暂的几十年我们从轻狂到沧桑，从迷恋刹那间流萤烟火的璀璨到回归冷漠的沉静，从喜欢浓重的斑斓色彩到挚爱着黑与白的变奏，这是生命成熟的必经阶段，也是铅华洗尽之后骤然的觉悟。

就像我们总是为路边默默开放的野花而感动，它们不施粉黛，无人宠爱，只有大自然的风吹日晒，间或行人匆匆一瞥。它们一簇一簇地开放，平凡而美丽，无闻却伟大，不为惊叹的赞美，只为平凡的一生。

美丽，在洗尽铅华之后，永恒绽放！

素心小语

浓妆艳抹的风姿虽然能够在第一时间吸引住别人的目光，但洗尽铅华后的本色才更加持久。

4. 保持自然的生活方式，不受外在的影响

幸福与快乐源自内心的简约，简单使人宁静，宁静使人快乐。

人心随着年龄、阅历的增长而越来越复杂，但生活其实十分简单。保持自然的生活方式，不因外在的影响而痛苦抉择，便会懂得生命简单的快乐。

头上是万里无云的朗朗晴空，手中是沁人心脾的冰镇啤酒，停在这片光秃秃的灼热沙漠上的东一辆西一辆的旅宿汽车和拖车的门被吱吱地推开了，“独身漫游者”俱乐部的一些成员到这漫漫荒原来享受一个下午的快乐时光。

这数十名俱乐部成员全都是头发灰白的老者，而且全都是单身人士。他们聚集在一簇簇风滚草旁开始饮酒、讲故事。这个俱乐部是在西部的高速公路上打发时光的、人数越来越多的退休者大军中的一支队伍，斯拉布城是他们的最新休憩地点。他们在临时搭起的帐篷上空升起美国国旗，国旗在沙漠的疾风中呼啦作响。

埃尔伍德·威尔逊问道：“你以为我们会愿意整天闲坐着不动吗？”他喝下一大口米尔沃基啤酒后说：“绝非如此。上年纪了，住进退休者之家，日夜守在电视机旁，周日没完没了地招待儿女和孙辈——谁愿意过这样的日子？我们所向往的是没有尽头的公路，尤其是西部那些一流的高速公路。”

医学的进步使更多的老年人健康长寿，也由于现在有了像佛罗里达公寓一样舒适的新型车辆，以公路为家变成了一种比较容易适应的生活方式。许多人卖掉房子，把家当存放起来，把终生的储蓄兑换成金钱，然后告别自己旧有的生活方式，乘坐各式各样的车辆，冬季穿行于西部广袤的沙漠，夏季漫游于太平洋西北沿岸茂密的森林，然后在适当的时候再转动方向盘，开始新的游历。

有些人在公路上生活得太久了，以至于对任何其他生活方式都不能接受。退休护士佩吉·韦布自五年前和她那退役的丈夫卖掉房子起，就一直驾车漫游。一天早上，她一边在画板上练习绘画一边说："我从未想到我会有这样的勇气。但是，我们的孩子都长大成人了，我们住在空荡荡的房子里，不知该干什么，于是我们便上路了。现在我认为我永远不会再像以前那样生活了。"

也许，这种生活方式该算是最彻头彻尾的"简单生活"了。人们几乎都在通过自己独特的途径探索最简单的、最符合心灵需求的新的生活方式，以替代目前日渐奢侈、日渐繁冗的生活。

简单的生活，快乐的源头，为我们省去了汲汲于外物的烦恼，又为我们开阔了身心解放的快乐空间。"简单生活"并不是要你放弃追求，放弃劳作，而是要抓住生活、工作中的本质及重心，以四两拨千斤的方式，去掉世俗浮华的琐务。

简单是生活的真谛，平凡是人生的主旋律，简单平凡才能真正找到生活的快乐。

素心小语——如果心不净，怎么过都是烦

素心小语

人心随着年龄、阅历的增长而越来越复杂，但生活其实十分简单。保持自然的生活方式，不因外在的影响而痛苦抉择，便会懂得生命简单的快乐。

5. 放下多疑的防卫，信任是最原始的质朴

生活过得越来越富足了，人们却忘记了当初同行的日子，开始变得多疑起来。多疑的人怀疑着一切，他们整日心神不宁，像是在和自己做困兽之斗，疲惫的永远是自己。如果你不想让多年来同行的伙伴远离，那么请你听听这样一个故事：

古代有两个兄弟，他们从小一起拜师学武术，当他们学成以后，师傅就让他们两个去参军报国杀敌。在去参军的路上，两个人遇到一帮来势汹汹的土匪，土匪将他们两个包围在一个洼地，情急之下，这两个人将背紧紧靠在一起，用利剑一次一次地阻挡土匪的进攻，最后杀出重围。在以后的战斗中，两个人始终背靠着背地战斗在一起。

有一次，两人去执行军务，到敌方属地刺探军情，不幸被敌兵发现，敌国的重兵将他们围在中间，却没有置他们于死地，目的是想从他们的口中得到一些重要的情报，结果两个人宁死不屈，奋力抵抗。两个人都受了很重的伤，但他们始终竭力拼杀，坚持着为背后的人阻挡刀剑。在他们快要坚持不住的时候，救兵终于赶到，两个人才得以幸存下来。

年过花甲后，两位老人返回故里。村子里经常有很多年轻人来问他们，他们是如何在战场上将敌人一次又一次击退的。两位老人经常先会心一笑，然后将衣服脱下来给这些年轻人看，两位老人的胸前全是伤疤，但他们的后背居然没有任何伤痕。一位老人解释道：战斗中我们彼此信任，

只管应付前面的敌人，将后背托付给对方，因为后面有我们最信任的人保护。

两个兄弟因背后有最信任的人，才于拼杀之中逃脱，所以，请放下你的多疑吧，背靠背地并肩作战，这不只是一种智慧的作战方式，更是一种人生的态度，一种敢于信任他人的勇气，一种难得的平和的心态。

聪明的你听完这个故事，一定会明白怎样做路才会越走越宽。有时候，我们缺的不是才学，也不是机遇，而是一颗信任别人的心。多疑有时看似很安全，在一定程度上它可以拒绝来自外界的危险，但是也拒绝了来自身边的安全。大鹏展翅时不会怀疑天空，鲲鱼遨游时也不会怀疑海洋，而我们要想沐浴在鲜花和掌声里，也不应怀疑身边的羽翼。

不单是争取鲜花和掌声时，我们应该放下多疑的防卫，其实，在面对生活中的各种事情时，我们都不应该多疑。领导和属下之间不能多疑，否则将是一损共损；朋友之间不需要多疑，因为交出去的是真心，收回来的不会是假意；恋人或夫妻之间不能多疑，因为同床异梦带不来家的和睦、情的长久。

多疑是人与人之间的迷雾，隔开了心与心的交流与信任。在生活的琐碎里它让人心生惶惑与不安，而在关键的时候，它就成了指向自己的利器。人生在世，声名利禄的输赢不过是一种人生装饰的博取，但内心的安然，不是那些外在的装饰所能填补的。放下你多疑的防卫吧，以一种悦人利己的信任来拥抱身边的人，你的内心将得到长久的安宁。

素心小语

多疑有时看似很安全，在一定程度上它可以拒绝来自外界的危险，但是也拒绝了来自身边的安全。

6. 人的立世根本应该是一种爱的能力

在封建时代，孝悌是构成人际秩序和社会稳定的基本因素。每个人如果对父母不尊敬侍奉，对兄长不听命维护，社会就乱套了。君将不君，国将不国。可见，在封建时代，孝悌是社会稳定的基础。

今天来看，人的立世根本应该是一种“爱”的能力。没有爱、不会爱的人是不会被人所接受的，而且，他更无法感受到来自别人的温暖。

美国流行乐巨星惠特尼·休斯顿，多年前曾唱过一首冠军曲《I’m your baby tonight》《中译亲爱的，今夜属于你》。在忙碌的现代社会中，连夫妻间和亲子间都很难找到时间独处。其实，家人应多相聚，相聚时，希望每对夫妻都能对彼此说：“亲爱的，今夜属于你，而且只属于你。”也希望每位子女都对父母说“《I’m your baby tonight》。”

惠特尼·休斯顿不仅是伟大的歌手，能用歌声深刻地诠释爱情，她自身也有幸福的家庭，也很看重家人的相厮相守。反倒是强调家庭的中国人似乎忽略了家庭的团聚。

中国封建时代所讲究的孝悌，在今天来看，做起来似乎已经相当不容易了。抽时间陪陪老人，与兄弟姐妹多聚聚，这样的事情变得越来越奢侈。现代人际关系的特点是：虽近实远，表面亲实际疏，言谈热内心冷。做人做到此种田地，生活也真的没有色彩了。

“本立而道生”，这个本便是人性中的爱，爱没了，还有什么道可言。实际上一个真正懂得爱的人是会将他的爱心随时奉献出来的，这种爱其实并不需要特别针对任何人只要成为充满着爱的人即可——那必须成为你的品质，而且是人性中最纯洁、最质朴的品质，它与关系无关。

一个小男孩想去见见上帝，他知道要到达上帝居住的地方必须走很远的路程，所以他在手提箱中装了巧克力和六瓶水，踏上了旅程。

当他走过了三个街区，他看到一位老太太，她正坐在公园里全神贯注地盯着鸽子。小男孩挨着她坐下来，打开手提箱，拿出水正要喝，这时他注意到老太太看上去很饿，所以他给了她一块巧克力。她感激地接受了，微笑地望着他，她的笑是那么美，男孩想再看一次，因此他又给了她一瓶水，他再一次看到了她的微笑，男孩高兴极了。

他们整个下午都坐在那里，边吃边笑，但是从未有一句对话。

这时天黑下来，男孩感到十分疲劳，他站起身来离开。但是没走几步，他返回来，跑回到老太太身边，紧紧拥抱了她一下，她给了他最美的一个微笑。

当男孩回到家推开门走向自己的房间时，他的母亲为他脸上洋溢着的快乐而惊奇。

她问他："今天干什么了，你这么高兴？"

他答道："我与上帝共进午餐了。"但在他母亲还未作出反应之前，他补充道，"你知道吗？她给了我所见到过的最美好的微笑！"

与此同时，老太太也容光焕发地回到她的家。

她的儿子为她脸上安详平和的表情所惊异。他问："妈妈，你今天干什么了，这么高兴？"

她答道："我在公园里与上帝一起吃了巧克力。"在她儿子未作出反应之前，她补充道，“你知道吗？他比我想象中的要年轻得多。”

人性中必须有一种纯洁的爱，它会使你更加芬芳。对于花来说，不管是不是有人知道它，它都无所谓。即使在最遥远的喜马拉雅山上，虽说没有任何人在那儿走动，却仍然有千万朵的花绽放并将它们的芬芳散布出去。

素心小语

人的立世根本应该是一种爱的能力。培养人性光辉的爱，“至爱”、“至情”的这一面。没有爱、不会爱的人是不会被人所接受的，而且，他也无法感受到来自别人的温暖。

7. 给生命留个缺口，让福气流向别人

娑婆世界，万事都有缺陷，没有一个圆满的人，没有一件圆满的事。对这一点，我们若能认识得清楚，那么人生便会少却许多烦恼和忧愁。

一位才思敏捷的牧师对会众作了一场精彩的演讲，末了他以肯定自己的价值作为结尾，强调每一个人都是上帝眷顾的宝贝，每一个人都是从天而降的天使。活在这个世界上，每一个人都要善用上帝给予的恩赐，发挥自己最大的能力。

会众当中有人不服牧师的讲法，站起身来指着令自己不满意的扁塌鼻子，说道："如果照你所说，人是从天而降的天使，请问有塌鼻的天使吗？"

另一位嫌自己腿短的女子也起身表达同样的意见，认为自己的短腿不是上帝完美的创造。

牧师轻松而自信地回答："上帝的创造是完美的，而你们两人也确实是从天而降的天使，只不过……"他指了指那名塌鼻子的朋友"你降到地上时，让鼻子先着地罢了。"牧师又指着那位嫌自己腿太短的女子"而你，虽是用脚着地，却在从天而降的过程中忘了打开降落伞。"

人生总有这样那样的不足，但我们不能为此而放弃自己，更不能强求完美。一个人如果对自己和他人要求过高，总是追求完美，强迫自己做到尽善尽美，就会妨碍自己取得成功，阻碍自己享受成功所带来的一切

欢愉。

凯瑟琳今年21岁，生得毫不“沉鱼落雁”，竞选这个那个“小姐”肯定是没有希望的，连校花、班花都没有人会考虑到她。她自卑感很强，眼见同学一个个花枝招展，老觉得自己是鸡立鹤群。她有一个强烈的念头，就是生为女性，如果长相不漂亮，生命就等于失去了大半，找工作，交男友，处处吃亏。她心情日见忧郁，上课时也总是无精打采的。她觉得生活对自己来说毫无值得留恋之处，于是便跳河自杀。一个老者救了她，对她说：人有两条命，一条是属于你自己的，刚才你已经自杀抛弃了；还有一条是属于众生的，愿你加倍珍惜这一条生命。凯瑟琳听完，嫣然一笑。老者觉得她的笑美丽无比，于是赞美了她一番。凯瑟琳一听很高兴，从此她笑脸常开，觉得生活也突然变得丰富多彩起来，后来她成了一名著名的节目主持人。

一个渔夫从河里捕到一只蚌，从蚌中得到一颗大珍珠，他欣喜若狂。可回到家里一看，发现珍珠上有一个小黑点。渔夫觉得很不舒服，他想，如能将小黑点去掉，珍珠将变得完美无缺，肯定会成为无价之宝。渔夫便开始去黑点，可剥掉一层，黑点仍在，再剥一层，黑点还在，剥到最后，黑点没了，珍珠也不复存在了。

在一个讲究包装的社会里，我们常常禁不住羡慕别人光鲜华丽的外表，而对自己的欠缺耿耿于怀。

其实没有一个人的生命是完整无缺的，每个人都少了一样东西。

有人夫妻恩爱、月收入数十万，却有严重的疾病在身；

有人才貌双全、能干多金，情路上却是坎坷难行；

有人家财万贯，却是子孙不孝；

素心小语——如果心不净，怎么过都是烦

有人看似好命，却是一辈子脑袋空空。

每个人的生命都被上苍画上了一道缺口，你不想要它，它却如影随形。

你要宽心接受，体会到生命中的缺口，仿若我们背上的一根刺，时时提醒我们要谦卑，要懂得怜恤。

若没有苦难，我们会骄傲；没有沧桑，我们无以去安慰不幸的人。

人生不要太圆满，有个缺口让福气流向别人是件很美的事，你不须拥有全部的东西，若你样样俱全，别人吃什么呢？

体会到每个生命都有欠缺的道理，我们就不仅不会再去与人作无谓的比较，反而更能珍惜自己所拥有的一切。

有位著名企业家说："这辈子结交的达官显贵不知凡几，他们的外表实在都令人羡慕，但深究其里，每个人都有一本难念的经，甚至苦不堪言。"

所以，不要再去羡慕别人如何如何，好好数数上天给你的恩典，你会发现你所拥有的绝对比没有的要多出许多，而缺失的那一部分，虽不可爱，却也是你生命的一部分，接受它且善待它，你的人生会快乐豁达许多。

素心小语

人生不要太圆满，有个缺口让福气流向别人是件很美的事，你不须拥有全部的东西，若你样样俱全，别人吃什么呢？

第2辑

身在红尘，心在尘外
——存一颗淡泊心

淡泊就是要看轻物质与声名，保持一颗平常心。少了平常心，人就会迷失自己，让欲望蒙蔽双眼而变得贪婪。有人或许会说：“哪个人没有欲望呢？现在的社会大家都是你追我赶、你争我抢，没有欲望的人就等于没有追求、自甘平庸！”然而人心不足蛇吞象，社会总是在发展进步，要有追求，但绝不可以过分追求，正所谓“人欲无穷，然而知足者常乐”。

1. 对生活不要过分奢求，要安于清简

“非淡泊无以明志，非宁静无以致远”出自诸葛亮《戒子篇》。其意是说：对于生活不要过分奢求，安于清简一些，自然一些。尽可能排除心中的杂念，那么，心情就会乐观，情绪也会昂扬向上。

时隔千年，历史的人和事早随时间远逝，然而默诵这一句，仍然感到清新澄澈，洗净心灵。遥想诸葛孔明当年在草庐之中，必定经常久久地默念这一句话，领会着人生的真谛。

那时的孔明，躬耕南阳，心忧天下。在清风明月中读史，在竹林泉石旁对弈，日观风云变幻，夜察星斗转移，不问名利，不求闻达，胸中的傲然之志和济世之才，已经在那青山绿水间浑然成就，当他离开卧龙冈时嘱咐家人上切勿荒废农事，此去若大业能成，那时将回来继续享受这田园之乐。

这一去，矢志不渝，鞠躬尽瘁，死而后已。作为蜀国丞相，身后未留下一分私财，留下的是千古流芳的精神以及那一句话，时时告诫后人，淡泊以明志，宁静以致远。

在纷繁复杂的尘世里，拥有一份属于自己的宁静，实在是一种独特的享受。

李白诗云：“花间一壶酒，独酌无相亲。”也含有淡泊与宁静的意

境。贾岛诗曰：“鸟宿池边树，僧敲月下门。”那宁静中轻轻的敲门声久久回荡，更是平添了无尽的韵味。“明月松间照，清泉石上流。”这是一种永恒的宁静，令人神往。

然而太多的时候，我们大都无法驱逐内心的烦躁，烦心的琐事无时无刻不在困扰着我们的心，令人苦闷，无法自拔。而淡泊，就是滋润你心田的甘泉，清馨凝神，平抚燥热；而宁静就好似催眠的歌谣，无论多么阴暗的夜色，都能带给你心底的安然。

淡泊其实是一种自得其乐的思绪，宁静其实是一种豁达大度的心情。人应该学会以情绪安宁来涵养心性，人生在世，不免被各种诱惑所吸引，名利、金钱、美色、地位等等。当这些充斥你的内心时，有限的精力就会被瓜分，费尽心机忙于应付它，竟然不知道自己当初的志向已经丢失。

只有淡泊宁静，才能洞察凡尘，只有清心内敛，才能高瞻远瞩。

淡泊是一种品德修养，是为人质朴、超逸、恬淡，但不是没有进取心，不是逍遥于世外桃源，相反，正是为追求远大目标而持有的涵养、修炼。宁静则是端庄，持重，安然，恬然。即不因宠爱而忘形，不因失落而怅然，不因富贵而骄纵，不因清贫而自惭。得意不忘形，失意不沮丧。

天地的玄机在于一个“悟”字，自我的玄机在于一个“静”字，当一个人心静如水时，其心中犹如明镜一般，一尘不染，宁静是一种禅意。心中宁静，就不会困于喧嚣的市井，不会被流言蜚语扰乱心智。心中宁静，意味着能静下心来思考，人因思考而得到灵魂的自由和永恒。

淡泊、宁静，为的是明志、致远。淡泊也蕴含着平和，淡看名利，无欲无求，也无所羁绊。正因为心中无尘杂，志向才能明晰和坚定，不会被贪念侵蚀，也不会被虚荣蒙蔽。淡泊与宁静，这是同一种境界。

素心小语——如果心不净，怎么过都是烦

江水澄澈千里，在平淡中执着地奔流；群山巍峨千年，在静默中恒久地矗立。自然早已将这种境界展现给我们，如同日夜更迭，季节流转，如同清泉流淌，松涛起伏，一切在淡然之中，一切在平静之中。没有欲望和杂念，一切都是和谐美好而且生生不息的。这就是智慧，一种大智慧。如果人能悟到淡泊宁静的真谛，就不会再被生活逼迫，不会再因人事而精疲力竭。“行到水穷处，坐看云起时”，淡泊宁静之中，是和谐和积极的心态，淡而愈浓，近而愈远。当放开生命的那些细枝末节，所向往的、所追求的那一种生命的形式，才真正地展现在我们面前。

素心小语

“淡泊”是一种品德修养，是为人质朴、超逸、恬淡，但不是没有进取心，不是逍遥于“世外桃源”，相反，这正是为追求远大目标而持有的涵养、修炼。

2. 人活一世，应该有比求富更高的追求

我们常常在报刊上阅读到一些荒唐的闹剧，比如下面这一则：某公司宣称，凡到他们公司购物，每花100元，两个月后就可以返奖100元。比如就值200元钱的衣服，公司定价1000元。虽然价高了点，但两个月后就返给你1000元，你白得一件衣服……不少人闻知此等好事，纷纷上门，一时公司生意好不兴隆。开始大家还得了些甜头，但半年之后，公司老板卷款私逃，钱如肉包子打狗一去不回了。

这样的事情，稍有头脑者都会看穿，这不过是骗子拙劣的骗术。但可悲的是，却有那么一些人偏偏深信不疑。最后当然是中了骗术，落得个破财懊悔的凄凉结果。一些人之所以上当受骗，究其原因，就是“贪”字作祟。“贪”使他们“塞智为昏”，对骗子设下的陷阱视而不见，结果赔了钱又丢了脸。这个教训不可不吸取，人心不足蛇吞象啊。

在商业社会，人都有基本的物质需求，也有对金钱的需求，但人不能放任自己的欲望，人有了贪念，不但会“塞智为昏”，还会“销刚为柔”，使自己丧失骨气，变得软弱低贱。贪也会使自己对亲人、对朋友“变恩为恨”，全不念亲情、友情，变得狠毒刻薄。例如兄弟争家产，打得死去活来；曾一起创业的朋友，为争股权，打起没完没了的官司……原本纯洁的一个人，变得人品污浊。所以，“贪”是“第一可贱可耻”的思想，就像苍蝇逐臭、蜣螂逐粪，有了贪念的人就会和丑恶搅在一起。

素心小语——如果心不净，怎么过都是烦

科学家曾通过实验发现，猪的记忆力极差。有的猪两天之中挨几次打还不忘吃。贪食和没记性是猪只记吃不记打的原因。报纸上时常见到有人用“捡钱包”、“翻扑克牌”的把戏骗人钱财。本以为通过媒体的传播会使许多人引以为戒，但事实上这样的事却是经常反复地发生。最让人哭笑不得的是，被骗者往往也都听说过这种骗人的把戏，而落在自己身上时却还是不免上当。究其根底，无非是一个“贪”字，使之“塞智为昏”。

古人以不贪为宝，所以能超越俗世，留其美名。有这样一则故事：有一个人得到了一块玉，献给孔子。孔子不受。献玉的人说，玉匠看过了，说这是宝物，我才敢献给您。孔子说，我以不贪为宝，你以玉为宝，你要把它给了我，我们两个人就都丧失了自己的宝，不如你我都留着各自的宝吧。

“贪”与“不贪”并不仅是一个人对一个问题的是非判断，而且与一个人的为人修养有着密不可分的关系。一般的人都看重利益，而品行廉洁高尚的人都看重自己的名声。“进不失廉，退不失行”是《春秋》中的一句名言。君子爱财，应取之有道。另外，人活一生，应该有比求富更高的追求。一位世界巨富说过，你不可能一天同时穿两件衬衣。过度的物质享受是没有意义的。我们应追求人格的完美，而不是助长贪婪的习惯，因为贪婪所带来的只是自私、刻毒、吝啬、欺炸、背信弃义等等恶劣的品行。

有些人因为贪婪，想得到更多的东两，其结果却像熊瞎子掰苞米，把现在所拥有的东西都通通失掉了。

任何人都懂得权衡利弊，两利相权取其大，两害相权取其轻。道理很简单，用不着多说，问题是，你的权衡标准是否正确？你所取的“大利”真的大吗？如果你只是以“钱多钱少”为唯一标准，便会忽视更重

要的东西。

某职业经理人受聘就任新职，职位虽然很高，但那却是个他不甚了解的行业。对方开的月薪是几万元，他却主动减为九千元。有人说他笨，他回答说：“我如果拿几万元的月薪，就要有令人刮目相看的成绩，一没做好，上面不说，我自己也要走人；我自动减薪，正是向上面反映我的谦虚与客气，如果没做好，情况还没那么严重，如果做得好，月薪当然会回到原有水准，所以长期来看，我自动减薪是划得来的。”

另外一个人工作表现优秀得了奖金，一位要好的同事要他买礼物给自己，这种事当然是不便拒绝的，于是他要对方挑选，结果对方挑的是非常贵的礼物，让他差点付不了账。这件事，让他对那个同事有了心结，他暗暗发誓：再也不和他相处了！

从这两个故事来看，关键就在于“不拿白不拿，不吃白不吃”的贪心！殊不知，你所要的利益的背后还有个人在，你的“贪”不止是损害了他的利益，也会使他对你的“贪”起反感。如果你“拿”得有分寸，对方会对你有更好的印象与评价，并因此而延续和你的关系。而“贪”得没尺度，你占对方便宜的机会很可能只有这一次！而你一旦给人这种印象，虽还不至于影响你的事业，但对你的形象却是不利的。人在社会上行走，口碑是很重要的。

做人要淡泊一点，别太贪婪。淡泊对个人的长远发展有很重要的影响，看问题一定要把眼光放长、眼界放宽些，不要为了眼前的一点蝇头小利就争抢拼夺，别有贪念，做到这些你在滚滚红尘中便能活得安稳、自在。

素心小语

人活一生，应该有比求富更高的追求。一位世界巨富说过，你不可能一天同时穿两件衬衣。过度的物质享受是没有意义的。我们应追求人格的完美，而不是助长贪婪的习惯，因为贪婪所带来的只是自私、刻毒、吝啬、欺诈、背信弃义等等恶劣的品行。

3. 祈求太多了，生命就会显得过于沉重

日本作家川端康成自获诺贝尔奖之后，受盛名之累，常被官方、民间，包括电视广告商人等拉着去做这做那。文人难免天真，不善应酬，又心慈面薄不会推托，做事也过于认真，不懂敷衍，于是陷入忙乱的俗事重围，不知如何解脱，终于自杀，了此一生。据报道，川端临终前，曾为筹措一笔经费而心力交瘁，情绪十分低落，这可能是促使他厌世自杀的原因之一。

固然，对一位作家来说，能获得诺贝尔奖，这口井已经算是凿得够深了。但如果他不被卷入烦倦不堪的琐事，而能依然宁静度日，以他丰富晶莹的智慧，或可有更具哲理的创作留传于世。

《湖滨散记》的作者梭罗，为了要写一本书，而去森林中度过了两年的隐士生活。他自己种粮食为生，摆脱了一切剥夺他时间的琐事俗务，专心致志去体验林间湖上的景色和他心灵与自然所产生的共鸣，从中发现了许多道理，而完成了这本名著。

一个人的精力有限，时间有限，在有生之年，把握住自己真正的志趣与才能所在，专一地做下去，才可能有所成就。

一个人不但要有魄力，而且要有判断力，摆脱其他外务的干扰和诱惑，不为一切名利权位等虚荣而中途改道，这样才能促成其事业的辉煌。

每个人都有失望和不满的时候，不是你的希望没有实现，就是他的欲

望没有得到满足。每当这时，我们不是怨天尤人，便是破罐子破摔，却很少坐下来仔细地想一想我们为什么一定要有不满和失望。活着，我们不要祈求太多。

我们来到这世上时，本来就是赤条条的一无所有，是上苍赋予了我们生命、亲友以及思想和财物等等，上苍待我们何厚，使我们拥有了这么多，又占有了这么多。可是我们却从来也没有满足过，依然在祈求着上苍为我们降下更多的甘霖。

然而，生活不可能也不会按照我们的需求来十足地供应我们，于是，我们便失望了，我们便不满了。

世界对于每一个活生生的人来说，都是公平无二的。有耕耘才有收获，有奋斗才有成功，有付出才有得到。你想花一分的代价去换回十分的成果，那是永远也不可能的。所以，我们永远都不应该祈求这世界平白无故地就给我们太多。

生命在于奋斗，人生在于积累。不要祈求，只要一点点就已经足够了。每天一点点，每月一点点，每年一点点，几年下来，我们就已经得到了很多很多，那么一辈子下来，我们不就已经变成了一个拥有整个世界的大富翁了吗？

不要祈求太多，太多了，生命就会显得过于沉重，你就会感到你的人生因缺少遗憾而懒于去追求；不要祈求太多，太多了，人生就会显得过于臃肿，你就会感到你所拥有的一切都是负累，因无法带得动而一生不能轻松。

这世间，美好的东西实在数不过来了，我们总是希望得到很多，让尽可能多的东西为自己所拥有。

人生如白驹过隙，在感叹拥有和失去之间，生命已经不经意地流逝了。

拥有时，倍加珍惜；失去了，就权当是接受生命真知的考验。

欲望太多，反成了累赘，还有什么比拥有淡泊的心胸更能让自己充实、满足的呢?

素心小语

不要祈求太多，太多了，生命就会显得过于沉重，你就会感到你的人生因缺少遗憾而懒于去追求；不要祈求太多，太多了，人生就会显得过于臃肿，你就会感到你所拥有的一切都是负累，因无法带得动而一生不能轻松。

4. 一切名利，都只是过眼云烟

生命的价值在于奉献，在于为社会、为他人做出贡献的大小。一个人能尽心尽力地去服务社会，帮助他人，那么他生命的价值就得到了实现。生命只是一段历程，在这有限的生命中，有人拼命享受，拒绝付出，这样的人说他活着，但生命已经枯萎。珍视自己生命的价值，对生命负责的人，会尽力去做有益的事，让生命之树枝繁叶茂。

唐太宗时期，有个负责运粮的官员在运粮的时候遭遇了风暴，导致粮船沉没了。到年终考核时，考功员外郎卢承庆奉命给下级官员评定等级。评定等级事关每位官员的仕途升迁，所以大家都非常紧张。因为运粮船沉没一事，卢承庆给那位运粮官评了个“中下级”，那位运粮官没有流露出半点不高兴的神情。后来，卢承庆综合考虑各种因素，又将运粮官的级别改成了“中中级”，运粮官也没有流露出半点高兴的神情。不论自己评的是什么级别，运粮官都坦然接受，而且依旧认认真真地做自己的事情。卢承庆赞扬他“宠辱不惊，实在难得”，又将他的级别改成了“中上级”。

这位运粮官给我们上了一堂优秀的心理课。

人的一生，各有各的追求，有的人追求名誉，有的人追求金钱，有的人追求权力。然而人生的真正价值是什么？记不清哪位哲人说过：“一个人的生命也许只有在名利面前宠辱不惊，而又能为其他生命做出贡献的时候，才能充分显示出它的巨大力量、深层次意义和宝贵价值来。”

许多人喜欢以自我为中心，信奉“人生如朝露，行乐须及时”。这是一种自私的“我”，是“小我”，只有那种公而忘私，甘做孺子牛的“我”才是“大我”。其实，人活着最重要的是对自己的生命负责。生命的价值并非想象，而是实践。花儿向这个世界吐露芬芳，对花儿本身而言，这就够了。一切事物随时在变化，倘若因为害怕凋零，花儿便拒绝开放，这才是最愚蠢的。就像知道人会死亡，所以就悲观堕落，同样是错误的。

因此，在人生价值实现的过程中，我们不可过于看重名利，不可只为自身享乐而活，否则就会丧失了自身存在的价值。其实，一切名利，都只是过眼云烟。佳人艳丽，终究会有美人迟暮的一天。一个人在生命即将结束的时候，如果能问心无愧地说“我已经不虚此行了”，那么他便可以此生无悔了！

素心小语

一个人的生命也许只有在名利面前宠辱不惊，而又能为其他生命做出贡献的时候，才能充分显示出它的巨大力量、深层次意义和宝贵价值来。

5. 寂寞有时也是人生路上一道亮丽的风景

生活在现代社会的人们，越来越不甘心寂寞地生活了，每天都把自己的生活安排得满满的，生怕自己一旦有空闲就会六神无主。然而，有多少人知道，寂寞有时也是人生路上一道亮丽的风景。

贝多芬因为寂寞而成就了自己，命运加在贝多芬身上的不幸是将他的灵魂锁闭在磐石一样密不通风的“耳聋”之中。这犹如一座不见天日的囚室，牢牢地困住了他。不过，“聋”虽然带来了莫大的不幸和烦忧，却也带来了与人世的喧嚣相隔绝的安静。他诚然孤独，可是有“永恒”为伴。

贝多芬留客人在他屋子里吃简单晚餐的时候，说起了他往昔的许多故事，包括他在童年时跟海顿和巴赫学习时的生活，包括他为了糊口指挥乡村乐队的生活……

不知道有没有人看过罗曼·罗兰的《约翰·克利斯朵夫》，在那本厚书里流着一条大河，那条大河就是从贝多芬身上流出来，并被加以引申开的。

贝多芬向他的客人叙述最后一次指挥音乐会的情形。那次的曲目是《费黛里奥》，当他站在台上按着节拍指挥时，听众的脸上都有一种奇怪的表情，可是谁也不忍告诉他。演奏告终，全场掌声雷动。贝多芬什么也听不见，很久很久背身站在指挥台上，直到一个女孩拉着他的手向观众答谢时，他才缓缓地转过身来。原来他完全聋了，他永远不能担任指挥了！

贝多芬对客人大声地说："听我心里的音乐！你不知道我心里的感觉！一个乐队只能奏出我在一分钟里希望写出的音乐！"

相对于贝多芬来说，许多人抱怨生活的压力太大，感到烦躁，埋怨不得清闲。于是，追求清静成了许多人的梦想，但同时他们却又害怕寂寞。其实寂寞并不可怕，只要能暂时放下心中的惦念，真心体味，寂寞也是一种清静，而且这种清静更有价值。

寂寞，是一种享受。在这喧嚣的尘世之中，要保持心灵的清静，必须学会享受寂寞。寂寞就像个沉默少言的朋友，在清静淡雅的房间里陪我们静坐，虽然不会给我们谆谆教导，但却会引领我们反思生活的本质及生命的真谛。寂寞时我们可以回味一下过去的事情，以明得失；可以计划一下未来，未雨绸缪；可以静下心来读点书，让书籍来滋养一下干枯的心田；可以和爱人一起去散散步，弥补一下失落的情感；还可以和朋友聊聊天，古也谈，今也论。

寂寞，是一种难得的感受。当我们想要躲避它时，表示我们已经深深感受到了它的存在。此时，不妨轻轻地关上门窗，隔去外界的喧闹，一个人独处，细心品味寂寞的滋味。坐在桌前，焚一炉香，泡一杯茶，翻一本喜爱的图书，感受久违的纸墨清香。当然，如果我们愿意，尽可以什么也不干，只是坐在那里沉思，思考人生，思考大脑中存储的一切。如果我们愿意，我们可以什么也不想，只是一个人静静地待上一会儿，让大脑暂时处于休眠状态。

寂寞，是一种清福。正像梁实秋先生所描绘的那样："寂寞是一种清福。我在小小的书斋里，焚起一炉香，袅袅的一缕烟线笔直地上升，一直戳到顶棚，好像屋里的气是绝对的静止，我的呼吸都没有搅动出一点儿波澜似的。我独自暗暗地望着那条烟线发怔。屋外庭院中的紫丁香还带着不少嫣红焦黄的叶子，枯叶乱枝的声响可以很清晰地听到，先是一小声清脆的折断声，然后是撞击枝干的磕碰声，最后是落到空阶上的拍打声。这时节我感到了寂寞。在这寂寞中我意识到了我自己的存在——片刻的孤立的存在。”

寂寞，是知心好友。在我们心烦时，它不会打扰我们，也不会剥削我们有所求。热闹需要外求，而寂寞是随时与我们同在的。在我们需要时，它便轻轻地来到我们身边，静静地听我们倾诉心声。它能为我们保守秘密，虽然它无言无语，却能让我们更好地认清自己。它不会对我们指手画脚，却能让我们以更加自信的步伐迈出人生的下一步。

素心小语

寂寞时我们可以回味一下过去的事情，以明得失；可以计划一下未来，未雨绸缪；可以静下心来读点书，让书籍来滋养一下干枯的心田；可以和爱人一起去散散步，弥补一下失落的情感；还可以和朋友聊聊天，古也谈，今也论。

6. 不管赚多少，开心就好

阿婆的店开在乡下的小街上，小小的街，只有这么一家小小的杂货店。阿婆从早忙到晚，忙得非常起劲，也非常快乐。

阿婆的店开得很久很久了，究竟开了多久，小街上几乎没有一个人说得出来。小街上许多人都说，他们从很小很小的时候，就在阿婆的店里买糖果、买鸡蛋、买肥皂。买到现在，连他们自己都快要变成阿公、阿婆了。

日子一天天地过去，现在阿婆已经老了，老得眼睛模糊不清，手脚行动缓慢，走路一摇一晃，更糟的是，老得记忆不清，总是走到哪儿，忘到哪儿。

“阿婆，你的砂糖一斤卖多少钱呢？”

“让我想想看，好像是1.2元吧。不，不，好像是2.5元钱。哦，1.8元，1.8元一斤，准错不了。”

“阿婆，我要买花生米，一斤多少钱？”

“1.4元，1.4元。”

“花生米哪有这么便宜？是不是一斤3元才对，你记错了吧？”

“是，是，3元。真的没错，是3元。”

“啊，阿婆，你找错钱啦，你应该找5元钱给我，怎么给我55元？多找了呀！”

“唉，真的错了。我赶快再补50元给你。”

“什么？不是你得再补给我，而是我得退给你，你可不要弄错呀！”

每天每天，都有这样的情形出现，很多人替阿婆担心，怕她记错价格找错钱，做生意不但赚不到钱还得赔老本，但阿婆总是笑呵呵地说：“有赚，赚许多，赚许多。”

村子里的李老师是阿婆的忘年交，她常常趁着到学生家做家访或是到街上买东西的时候到阿婆的店里来坐坐，和阿婆聊聊天。她非常担心阿婆的店开不下去。

有一天她在店里才坐十分钟，就看到阿婆不止一次地卖东西找错钱，甚至还把50元钱当10元钱找出去。

“阿婆，你能不能不再做生意啦？我看你这样做生意迟早会把老本都赔光。”李老师好意地劝道。

“我没赔，我赚很多了。不相信，你看看我的账本。”阿婆从抽屉里拿出一本黑黑的、油油的、破得连四个角都磨秃了的本子给李老师看。

这是什么样的账本呀？李老师简直看花了眼睛。从第一页到最后一页，每页都写满了“一”这个字，写得密密麻麻。

“我看不太懂。阿婆，你解释给我听好不好？”

“哈哈，你们这些读书人，只会教人读书，当然看不懂啦。”

阿婆笑得眼睛眯成了缝，一面笑一面解释：“你瞧，这每一页除了记账，中间还有一条线，看到没有？”果真，每一页的中间真的有一条长长的横线，像一条河似的，把一页隔成上半部和下半部两个部分。

“你仔细数一数，每一页上面记的账多，还是下面记的账多？”

“什么意思？”

“啊，我说的账，就是这个啦，这是我发明的字，你当然看不懂。”阿婆指着簿子上那些“一”字继续说：“这本账本每两页记录了一天的收支情况，每一笔账就代表一件事。每天我的店里头都发生很多事，如果是快乐的事，我就把账记在线的上面。如果是不快乐的事，我就把账记在线的下面。你数数看，每天快乐的事，是不是比不快乐的事多许多？你说，我开这个小店，不是天天赚得很多吗？”

“哇，原来如此！”李老师的眼睛瞪得大大的，从第一页一直往下翻。果真，每天在线上头的“账”都远远多于线下头的。有时候一整天中，只见线的上头记得满满的，连一个空位子都没有，线下头却连一笔也没有。

李老师想，那一天阿婆还真是赚足了！

“我真高兴你的店赚这么多的钱，”李老师把账本还给阿婆，“可是我还是有一点不明白，什么是店里头快乐的事？什么是店里头不快乐的事？你能不能向我说明白一点儿？”

“噢，这还不简单呀？你真是个只会读书的读书人，我来说给你听听吧。例如，我把一斤3元的米当作一斤1元的米卖，客人赶快再补2元钱还给我，这就是很快乐的事。我多找了3元钱给客人，客人立刻把钱送回来，这也是很快乐的事。客人看到我扛不动米，帮我扛，看到我忙不过来就替我做这做那，这些都是快乐的事，通通要一笔一笔记录下来。但是也有不快乐的，哈，有一个人就总当我是个老糊涂，买东西不给钱，说是待会儿就会把钱送来，却一次又一次都没送钱，还当作没这回事，多带走一包绿豆，一罐可乐，一包砂糖。他每带一回，我就记一次不快乐。同样吃一种米，总是会养出一百种、一千种不同的人的。还好，天天算下来，都是快乐占多数，不快乐占少数。我用算盘算一算，觉得我的店不但赚，而且还是越来越赚，越赚越多，我的快乐也越积越多，我早已变成世界上拥有快乐最多的人了！这样的店，我怎么舍得把它关掉呀！”

我们无法改变自己的境况，但却可以改变自己的心态。无论遇到什么样的状况都要坦然面对，并保持快乐的心情。总有一些事情可以让你保持愉快，不要总将想法固定在那些令人不快的人或事上，以一颗感恩的心发现世上的美好，你的生活一定会充满快乐。

素心小语

不管赚多少，在物质世界和精神世界中，只要开开心心，生活的趣味就会更浓厚，恐惧和压抑感就会自然从内心深处消失。

7. 既要提得起，也要放得下

提放自如，并非一件简单的事情。提起需要承担责任的勇气，放下也需要斩断妄念的能力。圣严法师说：人生因果不可思议，因缘不可思议，所以当提即提，当放即放。我们应该将自己的心当作布袋和尚手中的口袋，既要提得起，也要放得下。

在唐代，有一位著名的禅僧布袋和尚。一天，有一位僧人想看看布袋和尚有何修为，问道："什么是佛祖西来意？"布袋和尚放下口袋，叉手站在那儿，一句话也没说。僧人又问："只这样，没别的了吗？"布袋和尚又将布袋扛上肩，拔腿便走。那僧人看对方是个疯和尚，也就起身离去了。哪知刚走几步，却觉背上有人触碰，僧人回头一看，正是布袋和尚。布袋和尚伸手对他说："给我一枚钱吧！"

布袋和尚放下口袋，是在警示我们要放下，随即又扛布袋上肩，是在教我们拿起。其实哪里有什么放下与拿起呢？只不过有时我们需要放下，有时需要拿起，而我们却常常该拿起时拿不起，该放下时放不下。放下时不执着于放下，自在；拿起时不执着于拿起，也自在。不论是拿起与放下，都要有勇气，那才是真自在。

大多数人总是提不起意志和毅力，却放不下成败；提不起信心和愿心，却放不下贪心和嗔心。他们渴望成功的辉煌，惧怕失败的窘迫，却又不能为了成功而坚定意志，付出努力；他们热衷于享乐，渴望获得而不愿付出，一旦愿望落空，就会怨天尤人，怨恨心搁在心中，挥之不去。这样的人，度己不成，又不肯接受他人的教导，难担大任，期待他们去救济众生简直是妄想。

布袋和尚口袋的提起与放下看上去一切自然，实际上也是有所选择的，就像是我们在修行过程中，什么应该提起，什么应该放下，都不是灵光一现就能确定的。在这个问题上，圣严法师为信徒们做了引导。

首先，要把去恶行善的心提起，把争名逐利的心放下。“诸恶莫作，众善奉行，自净其意，是诸佛教。”去恶行善是佛教的基本教义之一，行善是分内事，止恶也是该主动承担的责任。善恶的标准不能以个人的价值观为判断，而应该以佛法因果为准则。名利的纠缠如毒蛇猛兽，只要贪心起，必定会招致厄运。古语云“嚼破虚名无滋味”，真正的智者应该孑然一身。

其次，要把成己成人的心提起，把成败得失的心放下。成就自己的目的是为了成就别人，只有充实了自己，才能有足够的能力去帮助别人。在充实提高的过程中，失败是难免的，要能够在成功中积累经验，在失败中吸取教训，而并不只是沉醉在成功的快乐或者失败的痛苦中不能自拔。

最后，要把众生的幸福提起，把自我的成就放下。佛陀的慈悲心与智慧心是所有信徒应该学习的，只有这样，才能时刻把世人的幸福挂在心上，而抛却自我的观念。

释迦牟尼成佛后，走在街上，遇见了一个愤怒的婆罗门。这个婆罗门对释迦牟尼有仇视的态度，他一直仇视佛教，已经到了疯狂的地步。他看到众生都这么尊敬释迦牟尼，心中更是难受，便生出一个毒计，想害死释迦牟尼。

他和众生一样，跟在释迦牟尼的身后，趁释迦牟尼没有注意的时候，他蹑手蹑脚地靠近释迦牟尼，趁世尊讲佛法的时候，便抓了两大把沙子，向世尊的眼睛扔去。

终究应准了那句话：善有善报，恶有恶报。就在沙子扔出去的那一瞬间，突然来了一阵风向婆罗门吹来，沙子全部都吹到了婆罗门的眼中，他疼痛不已，倒在地上。

他气急败坏地在地上翻滚，整张脸都涨得通红。

众生看到这一幕，都嘲笑他。面对这么多锐利的目光，那个狠毒的婆罗门不得不向世尊跪下。

这时，释迦牟尼平静而洪亮的声音响起：“如果想玷污或是陷害善良的人，最终会伤害了自己，众生切记！婆罗门，你也起来吧。”

婆罗门听后感慨万千，也终于大彻大悟。

觉悟之前的婆罗门，并没有清醒地认识到什么是应该在乎的，什么是应该放下的，所以才会被自己的心魔所困，以至误入歧途。释迦牟尼面对提放已经自如自在，所以才能够平静地面对心怀不轨的婆罗门，并诚恳地教诲他，使婆罗门得以开悟。

圣严法师提醒我们要放下散乱的心，提起专注的心；放下专注的心，提起统一的心；放下统一的心，提起自在的心。唯有这样，才能放松身心，提起正念，彻底放下，从头提起。

素心小语

名利的纠缠如毒蛇猛兽，只要贪心起，必定会招致厄运。古语云“嚼破虚名无滋味”，真正的智者应该孑然一身。

8. 平淡中也一样能发现幸福

什么是幸福？它不是凭空掉下来的，它是需要你自己去创造的。幸福不一定是腰缠万贯、豪华侈奢，幸福不一定是高官显禄、呼风唤雨。平凡人自有平凡人的幸福，只要你懂得生活。下面这几个女人的故事或许会对你的生活有一点小小的启示。

她是一个细致而朴素的女孩，是个大学三年级的穷学生。一个男生喜欢她，但同时他也喜欢另一个家境很好的女生。在他眼里，她们都很优秀，也都很爱他，他为选择自己的另一半很犯难。有一次，他到那个很穷的女孩家玩，当走到她简陋但干净的房间时，他被窗台上的那瓶花吸引住了——那是一把插在普通水杯里的田间野花。

他被眼前的情景感动了，就在那一刻，他选定了谁将是他的新娘，那便是摆水杯花瓶的那个女孩。促使他下这个决心的理由很简单，那个女孩子虽然穷，却是个懂得如何生活的人，将来，无论他们遇到什么困难，他相信她都不会失去对生活的信心。

另一个女人是个普通的职员，生活简单而平淡，她最常说的一句话就是："如果我将来有了钱啊……"同事们以为她一定会说买房子买车，她接下来的话却令人们大吃一惊，"我就每天买一束鲜花回家！""你现在买不起吗？"同事们笑着问。"当然不是，只不过对于我目前的收入来说有些奢侈。”她也微笑着回答。一日，她在车站旁看见一个卖鲜花的乡下人，他身边的塑料桶里放着好几把康乃馨，她不由得停了下来。这些花估计是乡下人批发来的，又没有门面，所以花便宜得要命，一把才5元钱，如果是在花店，起码要15元！于是她毫不犹豫地掏钱买了一把。

她兴奋地把康乃馨捧回了家，在她的精心呵护下这束花开了一个月。每隔两三天，她就为花换一次水，再放一粒维生素C，据说这样可以让鲜花开放的时间更长一些。每当她和孩子一起做这一切的时候，都觉得特别开心。

还有一个女人是时尚一族，总喜欢穿着与众不同。她的收入近五位数，但她却很少买特别高档的时装。她找了一个手艺不错的裁缝，自己到布店买一些不算贵但非常别致的料子，自己设计衣服的样式。在一次清理旧东西时，一床旧的缎子被面引起了她的兴趣——这么漂亮的被面扔了怪可惜的，不如将它送到裁缝那里做一件中式时装。想不到效果出奇得好！她的“中式情结”由此一发不可收拾：她用小碎花的旧被套做了一件立领带盘扣的风衣，她买了一块红缎子面料稍许加工后，就让她那件平淡无奇的黑长裙大为出彩……

三个不同的女人，身处三种不同的环境，却有着一个相同之处，那就是，她们都有一颗在平淡中寻找幸福的心。她们无论年龄大小，有钱还是没钱，都在努力过更为精致的生活，从来都没有放弃对幸福的追求。

最快乐的人并不是一切东西都是最好的，他们只是充分利用了自己已有的东西而已。别放弃对美好生活的追求，平淡中也一样能发现幸福。

素心小语——如果心不净，怎么过都是烦

素心小语

什么是幸福？它不是凭空掉下来的，它是需要你自己去创造的。幸福不一定是腰缠万贯、豪华侈奢，幸福不一定是高官显禄、呼风唤雨。平凡人自有平凡人的幸福，只要你懂得生活。

第3辑

温和相伴，静心相随

——存一颗平和心

我们要努力做一个拥有平和心态的人。平和心是金，它让你无论多么愤怒也会保持理智，它让你无论多么艰难也不会丧失信心，它让你无论多么受挫也不会就此颓废。它会让你清醒地面对世事，平静地接受无常，在身心和谐的情况下，智慧地前进。

1. 情绪是可以调适的，请别随意失控

一名初涉歌坛的歌手，他满怀信心地把自制的录音带寄给某位知名制作人。然后，他就日夜守候在电话机旁等候回音。

第一天，他因为满怀期望，情绪极好，逢人就大谈抱负。第十七天，他因为情况不明，情绪起伏，胡乱骂人。第三十七天，他因为前程未卜，情绪低落，闷不吭声。第五十七天，他因为期望落空，情绪坏透，拿起电话就骂人。没想到电话正是那位名制作人打来的，他为此而自断了前程。

我们在为这名歌手深深惋惜的同时，也更深刻地明白了不良情绪的危害。美国得克萨斯州州立大学的史密斯教授，曾经针对受测者情绪的变化及其个人生理心理状态做了一个实验。

他在实验报告中指出：一般人情绪处于焦虑、愤怒、恐惧时会有一种来自脑下腺的激素——肾上腺皮质激素分泌出来，刺激肾上腺，因而影响受测者的生理状态。在这种情况下，受测者极易产生心跳加速、口干、胃部胀痛等生理现象。这种情形如果持续进行，就容易引起心脏病、高血压或胃溃疡等后遗症。

天有不测风云，人有旦夕祸福。日常生活中我们难免会遇到一些挫折、困苦等不愉快的事，而一味地生气、焦虑、怨恨，这样不但不会使事情好转，反而会严重危害身心健康。

人不会永远都有好情绪，任何人遇到灾难，情绪都会受到一定的影响。这时，你一定要操纵好情绪的转换器。面对无法改变的不幸或无能为力的事，就抬起头来，对天空高喊：“这没有什么了不起，它不可能打败我。”或者耸耸肩，默默地告诉自己：“忘掉它吧，这一切都会过去！”

被称为世界剧坛女王的拉莎·贝纳尔，突遇风暴，不幸从甲板上滚落，足部受了重伤。当她被推进手术室，面临锯腿的厄运时，突然念起自己演过的一出戏中的一段台词。记者们以为她是为了缓和一下自己的紧张情绪，可她说：“不是的，我是为了给医生和护士们打气。你瞧，他们不是太正儿八经了吗？”

拉莎·贝纳尔在面对无法抗拒的灾难时，没有恨天怨地，没有抱怨命运不公，相反，她勇敢地跳出悲伤、焦虑的圈子，重新燃起生活的激情。

一句“他们不是太正儿八经了吗”，使她心中的情绪转换器调整到了最佳状态！拉莎的手术圆满成功后，她虽然不能再演戏了，但她还能讲演。她的充满生命热情的讲演使她的戏迷再次为她鼓掌。情绪是可以调适的，只要操纵好情绪的转换器，随时提醒自己，鼓励自己，常常就能有好情绪。

那么，当坏情绪突然来临时，如何调适操纵情绪的转换器呢？下面的方法可供参考：散散步，把不满的情绪发泄在散步上，尽量使心境平和，在平和的心境下，情绪就会慢慢缓和而轻松。

最好的办法是用繁忙的工作，也可以通过参加有兴趣的活动去补充、去转换。如果这时有新的思想，新的意识突发出来，那就是最佳的补充和转换。

素心小语——如果心不净，怎么过都是烦

素心小语

天有不测风云，人有旦夕祸福。日常生活中我们难免会遇到一些挫折、困苦等不愉快的事，一味地生气、焦虑、怨恨，不但不会使事情好转，反而会严重危害身心健康。

2. 如果你被情绪役使，你的一生将因此受害

面对各种机会、诱惑、困境、烦恼的时候，要想把握自己，就必须控制自己的思想，必须对思想中产生的各种情绪保持警觉性，并且视其对心态的影响是好是坏而接受或拒绝。乐观会增强你的信心和弹性，而仇恨会使你失去宽容和正义感。如果无法控制情绪，你将会因为不时的情绪冲动而受害。

情绪是人对事物的一种浅显、直观、不动脑筋的情感反应。它往往只从维护情感主体的自尊和利益出发，不对事物做复杂、深远和智谋的考虑，这样的结果常使自己处在很不利的位置上或被他人所利用。本来，情感离智谋就已很远了，情绪更是情感的最表面、最浮躁的部分，带着情绪做事，不会有理智可言。

我们在工作、生活、待人接物中，却常常依从情绪的摆布，头脑一发热，什么蠢事都愿意做，什么蠢事都做得出来。比如，因一句无甚利害的话，我们便可能与人打斗，甚至拼命；又如，我们因别人给我们的一点假仁假义，而心肠顿软，大犯错误，西楚霸王项羽在鸿门宴上耳软、心软，以致放走死敌刘邦，最终痛失天下，便是这种软心肠的情绪所为。我们还可以举出很多因情绪的浮躁、不理智等而犯的过错，大则失国失天下，小则误人误己误事。事后冷静下来，自己也会感到大可不必那样。这都是因情绪的躁动和亢奋，蒙蔽了人的心智所造成的。

素心小语——如果心不净，怎么过都是烦

三国时，诸葛亮和司马懿祁山交战，诸葛亮千里劳师欲速决雌雄。司马懿以逸待劳，坚壁清野，欲空耗诸葛亮士气，然后伺机求胜。诸葛亮面对司马懿的闭门不战，无计可施，最后想出一招，送一套女装给司马懿，羞辱他乃小女子是也。古人以男人自尊，尤其在军旅之中。如果是常人，定会接受不了此种羞辱。司马懿却淡定地接受了女装，情绪并无影响，且心态甚好，还是坚壁清野，连老谋深算的诸葛亮也对他几乎无计可施了。

这就是战胜自己情绪的例子。生活中，更多人则成为情绪的俘虏。诸葛亮七擒七纵孟获之战中，孟获便是一个深为情绪役使的人，他之所以不能胜过诸葛亮，实人力和心智不及也。诸葛亮大军压境，孟获弹丸之王，不思智谋应对，反以帝王自居，小视外敌，结果完全不敌对手，一战即败。孟获一战即败，应该慎思再出招，却自认一时晦气，再战必胜。再战，当然又是一败涂地。如此几番，把孟获气得浑身颤抖。又一次对阵，只见诸葛亮远远地坐着，摇着羽毛扇，身边并无军士战将，只有些文臣谋士之类。孟获不及深想，便纵马飞身上前，欲直取诸葛亮首级。可见诸葛亮已将孟获气成什么样子了，也可想孟获已被一己情绪折腾成什么样子了。结果，诸葛亮的首级并非轻易可取，他身前有个陷马坑，孟获眼看将及诸葛亮时，却连人带马坠入陷阱之中，又被诸葛亮生擒。孟获败给诸葛亮，除去其他各种原因，孟获生性爽直、缺乏谋略、为情绪蒙蔽，都是重要的因素。

如果你正在努力控制情绪的话，可准备一张图表，写下你每天体验并且控制情绪的次数，这种方法可使你了解情绪发作的频繁性和它的力量。一旦你发现刺激情绪的因素时，便可采取行动除掉这些因素，或把它们找出来充分利用。

素心小语

乐观会增强你的信心和弹性，而仇恨会使你失去宽容和正义感。如果无法控制自己的情绪，你将会因为不时的情绪冲动而受害。

3. 对于不能改变的事，就心平气和地接受

人的烦恼一半源于自己，即所谓画地为牢，作茧自缚。芸芸众生，各有所长，各有所短，争强好胜失去一定限度，往往受身外之物所累，失去做人的乐趣。只有承认自己某方面不行，才能扬长避短，才能不让嫉妒之火吞灭心中的灵光。

让自己放轻松，就是心平气和地工作、生活，这种心境是充实自己的良好状态。充实自己很重要，只有有准备的人，才能在机遇到来之时不留下失之交臂的遗憾。

俗语有“宰相肚里能撑船”之说。古人与人为善，以修身立德的谆谆教诲警示于世人，一个人只有胆量大、性格豁达方能纵横驰骋，若纠缠于无谓的鸡虫之争，非但有失儒雅，而且终日郁郁寡欢、神魂不定。唯有对世事时时心平气和、宽容大度，才能处处契机应缘、和谐圆满。

如果一语龃龉便遭打击，一事唐突便种下祸根，一个坏印象便一辈子倒霉，这就说不上宽容了，就会被人称为“小肚鸡肠”。真正的宽容，应该是能容人之短，又能容人之长。对才能超过者，也不嫉妒，唯求“青出于蓝而胜于蓝”，热心举贤，甘做人梯，这种精神将为世人称道。

对于不可避免的事实，我们也要学会心平气和地接受。

有个人讲述了一个故事。小时候，有一天他和几个朋友在一间荒废的老木屋的阁楼上玩。在从阁楼往下跳的时候，他的左手食指上的戒指勾住

了一根钉子，把整根手指拉掉了。当时他疼死了，也吓坏了。等手好了以后，他没有烦恼，接受了这个本可避免的事实。现在，他几乎根本就不会去想自己的左手只有四根手指头。

荷兰首都阿姆斯特丹一座15世纪的教堂废墟上刻着这样一行字："事情是这样，就不会是别的样子。"

在漫长的岁月中，你我一定会碰到一些令人不快的情况，它们既是这样，就不可能是别样，但我们也可以有所选择，我们可以把它们当作一种不可避免的情况加以接受，并适应它。

哲学家威廉·詹姆斯曾给我们忠告："要乐于承认事情就是如此。能够接受发生的事实，就是能克服随之而来的任何不幸的第一步。"俄勒冈州的伊莉莎白·康黎经过许多困难，终于学到了这一点。

"在庆祝美军在北非获胜的那天，我被告知我的侄子在战场上失踪了。后来，我又被告知，他已经死了……我悲伤得无以复加。在此之前，我一直觉得生活很美好。我热爱自己的工作，又费劲带大了这个侄子。在我看来，他代表了年轻人美好的一切。我觉得我以前的努力正在丰收……现在，我的整个世界都粉碎了，觉得再也没有什么值得我活下去了。我无法接受这个事实，悲伤过度，决定放弃工作，离开家乡，把我自己藏在眼泪和悔恨之中。

"就在我清理桌子，准备辞职的时候，突然看到一封我已经忘了的信——几年前我母亲去世后，这个侄子寄来的信。那信上说：'当然，我们都会怀念她，尤其是你。不过我知道你会支撑过去的。我永远也不会忘记那些你教我的美丽的真理，永远都会记得你教我要微笑。你教我要像一个男子汉，承受一切发生的事情。'

“我把那封信读了一遍又一遍，觉得他似乎就在我身边，仿佛对我说：‘你为什么不照你教给我的办法去做呢？支撑下去，不论发生什么事情，把你个人的悲伤藏在微笑下，继续过下去。’

“于是，我一再对自己说：‘事情到了这个地步，我没有能力去改变它，不过我能够像他所希望的那样继续活下去。’我把所有的思想和精力都用于工作，我写信给前方的士兵——给别人的儿子们；晚上，我参加了成人教育班——找出新的兴趣，结交新的朋友。我不再为已经永远过去的那些事而悲伤。现在的生活比过去更充实、更完整。”

已故的英王乔治五世，在他白金汉宫的房里挂着下面这几句话：“教我不要为月亮哭泣，也不要因事后悔。”叔本华也说：“能够顺从，就是你在踏上人生旅途中最重要的一件事。”

显然，环境本身并不能使我们快乐或不快乐，而我们对周围环境的反应才能决定我们的感觉。必要时，我们都能忍受灾难和悲剧，甚至战胜它们。我们内在的力量坚强得惊人。只要我们肯加以利用，它就能帮助我们克服一切。

已故的美国小说家布斯·塔金顿总是说：“人生的任何事情，我都能忍受，只除了一样，那就是失明。那是我永远也无法忍受的。”然而，在他六十多岁的时候，他的视力减退，一只眼几乎失明了，另一只眼也快失明了。他最害怕的事终于发生了。

塔金顿对此有什么反应呢？他自己也没想到他还能觉得非常开心，甚至还能运用他的幽默感。当那些巨大的黑斑从他眼前晃过时，他却说：“嘿，又是老黑斑爷爷来了，不知道今天这么好的天气，它要到哪里去？”

塔金顿完全失明后，他说：“我发现我能承受我视力的丧失，就像一个人能承受别的事情一样。要是我五个感官全丧失了，我也知道我还能继续生活在我的思想里。”

为了恢复视力，塔金顿在一年之内做了十二次手术，为他动手术的就是当地的眼科医生。他知道他无法逃避，所以唯一能减轻他受苦的办法，就是爽快地去接受它。他拒绝住在单人病房，而是住进大病房，和其他病人在一起。他努力让大家开心。动手术时他尽力让自己去想他是多么幸运。“多好呀，现代科技的发展，已经能够为像人眼这么纤细的东西做手术了。”

一般人如果要忍受十二次以上的手术和不见天日的生活，恐怕都会变成神经病了。可是这件事教会了塔金顿如何忍受，这件事使他了解到，生命所能带给他的，没有一样是他能力所不及而不能忍受的。

素心小语

漫长的岁月中，你我一定会碰到一些令人不快的情况，它们既是这样，就不可能是别样，但我们也可以有所选择，我们可以把它们当作一种不可避免的情况加以接受，并适应它。记住，生命所能带给我们的，没有一样是我们能力所不及而不能忍受的。

4. 最糟糕的便是用粗暴的语言和行动解决问题

愤怒使人失去理智，其结果往往糟到不可收拾的地步。人的优雅关键在于控制自己的情绪。粗暴的语言和行动是不能解决问题的，用嘴伤害人，用行动搞破坏，是最愚蠢的行为。

2002年11月22日早上7时左右，四川绵阳某小区居民彭某开车出门时发现路被挖断，车辆无法通行，遂对正在沟槽上搭建临时通行钢桥的施工人员发脾气，最后竟然一时火起，情绪失控，抱起一块石头朝沟槽内砸去。“砰”的一声，石头砸在了主供水管道上，水管当场被砸漏，自来水立即喷涌而出，吓得沟槽周围的人四散逃离。半小时后，沟槽就被漏出的自来水淹没，整个小区的两百余户居民和小区周围的数百户居民瞬间无水可用。由于断水事故发生在早上，小区和周围的许多居民早餐断炊，无法洗脸刷牙；而且正值冬天，抢修人员几乎是在冰冷的泥水里浸泡着。这个疯狂的举动害人不浅。事后，被带进派出所的彭某说自己很后悔。

很多人也许没有经历过愤怒到极点的体验，那恰似火山爆发的急剧喷发感，别人无法阻挡，但当事人事后总会后悔。有时候生气伤害的不仅仅是你自己的身心、你的家庭，还会破坏更多人的生活。

清人石成金的《莫恼歌》中说：“莫要恼，莫要恼，烦恼之人容易老。世间万事怎能全，可叹痴人愁不了。任何富贵与王侯，年年处处埋荒草。放着快活不会享，何苦自己寻烦恼。莫要恼，莫要恼，明日阴阳尚难保。双亲膝下俱承欢，一家大小都和好。粗布衣，菜饭饱，这个快活哪里讨。富贵荣华眼前花，何苦自己讨烦恼。”

一个住在美国密歇根州的人想移去一个在朋友院子里的树根。他决定使用家里存放的炸药，结果树根是除去了，但爆炸把树根变成了一枚炮弹，顺势射到163英尺远，最后穿过一个邻居的屋顶。树根在屋顶上造成一个3英尺宽的大洞，劈开了屋椽，穿过了饭厅的天花板。

如果我们仔细反省，就会看到自己的举动就和那个人一样。我们用粗暴的言语及行动去解决问题，结果常常会事与愿违，将事情越搞越糟。

我们的社会有它运行的秩序，任何人违背了都会遭到惩罚。可是有时候人们把自己“极为生气、以致控制不住自己”作为发火的理由。

南非特种部队是一支战略力量。南非特种部队的挑选程序号称当今世界最为严格的。参选者必须是南非公民；必须接受过学校教育；必须至少在部队、警队服役一年，或在预备役中待过一年；必须会说两种语言；年龄必须在18～28周岁之间。入选测试主要包括身体测试和心理测试。身体方面的测试包括：两分钟内做完67个俯卧撑，18分钟3公里全速跑。入选后，他们还得参加一流的海陆空训练，了解自己的任务是什么，掌握如何参加空中合作、水下作战、走过障碍物、丛林谋生、跟踪、破坏等作战战术。而心理测试方面，任何无自我控制能力或脾气暴躁的人都会被淘汰。

这就是游戏规则。任何游戏都有个规则，你可以批评它、怀疑它，但只要你参加这个游戏，就必须遵守这个规则，超越这个规则的人就要接受惩罚。固然有人可能宣称他可以不遵守规则参加游戏，因为他是天才。可在当今社会，尊重规则比爱护天才重要得多。现代社会的基础就是尊重规则，而不是天才至上。所以，请文明你的行为，别放纵情绪、肆意而为，这样才能真正被社会所接受。

素心小语

用粗暴的言语及行动去解决问题，结果常常事与愿违，将事情越搞越糟。我们的社会有它运行的秩序，任何人违背了都会遭到惩罚，这是规则。

5. 人生多苦，唯有接受才能享受

“文革”期间，著名作家沈从文被下放到多雨而土地泥泞的湖北咸宁接受劳动改造，饱受痛楚。可沈从文毫不在意，在咸宁给他的表侄、画家黄永玉写信说：“这儿荷花真好，你若来……”

就这样一句普普通通的“荷花真好”，竟使那段苦难的日子飘荡着荷花的芬芳，令人以为多雨泥泞的咸宁是王孙可游的人间仙境呢！

唐代著名的慧宗禅师常固弘法讲经而云游各地。有一回，他临行前吩咐弟子看护好寺院的数十盆兰花。

弟子们深知禅师酷爱兰花，因此侍弄兰花非常殷勤。但一天深夜，狂风大作，暴雨如注。偏偏当晚弟子们一时疏忽，将兰花遗忘在了户外。第二天清晨，弟子们后悔不迭，眼前是倾倒的花架、破碎的花盆，棵棵兰花憔悴不堪，狼藉遍地。

几天后，慧宗禅师返回寺院。众弟子忐忑不安地上前迎候，准备领受责罚。得知原委后，慧宗禅师泰然自若，神态依然是那样的平静安详。他宽慰弟子们说：“当初，我不是为了生气而种兰花的。”就是这么一句平淡无奇的话，在场的弟子们听后，肃然起敬之余，更是醍醐灌顶，顿时大彻大悟……

“我不是为了生气而种兰花的”，看似平淡的偈语里，暗示了多少佛门玄机，又蕴含了多少人生智慧啊！现实生活中，无限制增长的欲望、不满足现状的心态，还有那诸多数不清的烦恼与磨难，常常使人患得患失。因此，很多人抱怨命运，抱怨时运不济，抱怨人生多“苦”。

常言道：人生在世，不如意事十之八九。其实，只要我们严肃冷静地分析人生，痛苦与欢乐几乎是与生俱来的。造物主让我们来到人世中，享受世界的无限欢乐，但同时也要给我们困苦、不幸的负重。人生就是一次爬山的旅行，辛苦是自然的，摔跤有时也难免，磨难就是这次旅行的代价。既然我们能够愉快地享受人生，为什么不能快乐地接受生活赐予的苦难呢？况且，苦难已降临，生气烦恼又有何用？

栽种一株快乐的花朵于心田，无论生活面临怎样的境地，人生遭逢怎样的磨难，请把快乐的花朵开放在心灵的原野上，让灵魂的舞姿如花之绰约，满载着花的芬芳。

无论生命有多少凄苦，人生有多艰难，栽种一株快乐的心灵之花于心田，让绚丽的花朵昂然地绽放在生命的枝头。从此，我们便拥有了兰心蕙质，我们的心境也定会盈满幸福！

素心小语

栽种一株快乐的花朵于心田，无论生活面临怎样的境地，人生遭逢怎样的磨难，请把快乐的花朵开放在心灵的原野上，让灵魂的舞姿如花之绰约，满载着花的芬芳。

6. 平和面对世事，心中充满期望

生而为人，就需要面对自然界的无穷变化，诸如山崩地裂、狂风暴雨、酷寒炙热等等。而生活在这个时代里，更需接受为满足物欲需求而对生存环境破坏所带来的恶果。例如：各种剧烈病痛的产生、河水土壤的污染、动物植物的灭绝等等，这些现象时时处处都危机着我们的生命及财产的安全。

当灾难或困境来临时，我们是无法逃避的，事实上我们也逃避不了。事情既然发生了，任谁都无法改变现状，使其恢复原来的面貌，所以再多的哀怨与伤感都于事无补。唯有放开郁闷的心胸，迈开脚步，一点一滴重整自己的生活环境，如此，生命必将丰盈，理想亦可实现，因为生命力的展现，乃是此时此刻的耕耘，而不是缅怀过去，或是寄望将来。

事实上，我们的心窗并未被关闭，而生命之光也依然是明亮的，我们只是暂时被恐惧、害怕、担忧、无助、失落的情绪所蒙蔽。就像一面明镜的表面沾满了灰尘一般，如将灰尘清除干净，则明镜依然可明亮照人。

当面临困境或灾难时，我们如何消除内心诸多不安的情绪，并重新建立起自己的自信心呢？

首先，我们应欣然地接受事实，并承受内心的害怕及肉体的痛苦，不要刻意地逃避它，那是做不到的。但我们却可用正向的思维作用，使这些忧虑的情绪消除于无形当中，因为恐惧的情绪只是心理的作用。反面的思维，产生了不安全的感觉；正面的思维，产生希望和理想。这些作用都由我们自己选择，每一个人都有能力完全控制自己的内心。有一位英国著名的解剖学者，被一名学生问道“什么是医治恐惧的良方”，他的答案是：“试着替别人服务。”这学生听了感到惊奇，要求他加以说明，他说：“人的内心不能同时存有两种心思，一种心思会把另外一种赶走，例如：你内心已充满无私助人的念头，你就不会同时产生害怕的心思。”

其次，我们要认清一个事实，那就是世间所有的一切，它无时无刻不在变动着，没有任何一件事物可保长久不变。所以，我们永远无法抓住想拥有的东西，包括我们自己的身体在内。能够以此心态看待万事万物的变化，则心胸必将豁然开朗，不再执着抓取，不思拥有，就不会担心害怕失去，所以恐惧、忧愁不安的情绪亦将远离，随风而去。

最后，即使我们面对困境，也绝对不可自我放弃，认为自己已没有能力或任何机会完成生活的目标，这是对自己不负责任的想法。他人的协助是有限的，而自己的能力却是无穷的。所以要实时采取行动，把心力用在可使力的事情上，要想自己可以做的事，去做该做而且能做的事，这能使人振作，鼓舞精神，显现生机。活力是从工作中产生的，在工作中可达到目标，看到自己努力的成果，能感觉自己生存的价值，使内心充满喜悦。

随时随地，我们都可看到墙壁的细缝中长出了不知名的小花小草，亦有更多攀爬类的树种。依实际状况，它们的生存环境，应该算是很差的，没有土壤的培育，养分的供给，只靠雨水或露水维持生命。但它们不仅存活得很好，而且枝叶茂盛，甚至爬满了整面的墙壁。污泥中的莲花，在污泥之下长出的莲藕，提供给了我们既爽口又高营养的食物，而池面上的荷叶，虽被风吹雨打而显得枯黄破败，但亦丝毫无损于绿叶衬托的作用，并支撑着花梗，使莲花绽放得更为摇曳生姿。这是自然界给我们最好的启示，不管环境如何的恶劣，只要我们淡定坚持，充满希望，就能创造生机，建设理想的家园，完成生活的目标。

因此，每天晨起就给自己一个期望，当睁开眼睛之后，就想着我今天可以去做什么，并把它完成。活得有目标，做起事来就会更加有劲，对自己所许下的心愿，任谁都会很乐意并且很勤快地完成它。在工作的过程中，可以发觉乐趣、激发脑力，甚至有更佳的创意产生，这都是我们能力的展现及潜能的发挥，也是自我理想的实现。生命的意义，并不一定要建立在丰功伟业上，任何一点小小的成果，也同样可以显示出生命的价值。

人生的戏码，我们自己是编剧、是导演、是演员，所以这出戏，我们想如何演，一切都掌握在自己的手中。因此，外在世界的舞台是否完美宽大，布景是否华丽美观，都不会影响我们的演出。

只要我们能打开心窗，天地就是我们最佳的舞台，同时也是我们最华美的布景，在这样的情境中，我们是否应该尽心尽力地舞出生命的活力，歌咏出生命雄伟的乐章呢？作为最佳主角的你，还在等待吗？

素心小语

不管环境如何的恶劣，只要我们淡定坚持，充满希望，就能创造生机，建设理想的家园，完成生活的目标。

7. 了解人生的无常，让一切顺其自然

《淮南子》中有这样一个故事：有一位住在长城边的老翁养了一群马，其中有一匹马忽然不见了，家人都非常伤心，邻居们也都赶来安慰他，而他却无一点悲伤的情绪，反而对家人及邻居们说："你们怎么知道这不是件好事呢？"众人惊愕之余都认为是老人因失马而伤心过度，在说胡话，便一笑了之。

可事隔不久，当大家渐渐淡忘了这件事时，老翁家丢失的那匹马竟然又自己回来了，而且还带回来了一匹漂亮的马，家人喜不自禁，邻居们惊奇之余亦很羡慕，都纷纷前来道贺。而老翁却无半点高兴之意，反而忧心忡忡地对众人说："唉，谁知道这会不会是件坏事呢？"大家听了都笑了起来，都以为是把老头给乐疯了。

果然不出老翁所料，事过不久，他的儿子便在骑那匹马时摔断了腿。家人都挺难过，邻居也前来看望，唯有老翁显得不以为然，而且还似乎有点得意之色，众人很是不解，问他何故，老翁却笑着答道："又怎么知道不是件好事呢？"众人不知所云。

事过不久，战争爆发，所有的青壮年都被强行征集入伍，而战争相当残酷，前去当兵的乡亲，十有八九都在战争中送了命，而老翁的儿子却因为腿跛而未被征用，他也因此幸免于难，故而能与家人相依为命，平安地生活在一起。

这个故事便是“塞翁失马，焉知非福”。老翁的高明之处便在于明白“祸兮福所倚，福兮祸所伏”的道理，能够做到任何事情都能想得开，看得透，顺其自然。顺其自然是一种处世哲学，而且是一种很好的、很实用的处世哲学。

顺其自然是最好的活法，不抱怨，不叹息，不堕落，胜不骄，败不馁，只管奋力前行，只管走属于自己的路。中国有句俗话叫做“谋事在人，成事在天”，而这种“成事在天”便是一种顺其自然。只要自己努力了，问心无愧便知足了，不奢望太多，也不失望。

顺其自然不是随波逐流，放任自流，而是应该坚持正常的学习和生活，做自己应该做的事情，弄明白自己的人生方向后踏实地顺着这条路走下去。有人曾经问游泳教练：“在大江大河中遇到旋涡怎么办？”教练答道：“不要害怕。只要沉住气，顺着旋涡的自转方向奋力游出便可转危为安。”顺其自然也是如此，它不是逆流而动，也不是无所作为，而是按正确的方向去奋斗。

有一位孤寡的母亲，膝下只有一子。这位母亲对于独子疼爱有加，生怕有闪失，失去了唯一的希望。

有一年，村落流行一场瘟疫，寡母钟爱的儿子也不幸死于这场瘟疫。伤心欲绝的母亲不能接受这个残酷的事实，每天搂抱着气绝已久的孩子号啕大哭。

从此妇人就像疯子一般，碰到任何人便哀求：“我的孩子死了，天哪！谁能救救我的孩子？”

可怜的妇人活在丧子的悲痛之中，哭断了柔肠，但街坊邻居都爱莫能助，不知如何来帮助她。

直到有一天，佛陀到此地宣教说法。许多村人不忍妇人沉沦在痛苦的深渊，把妇人引到佛陀的座前，希望佛陀给她一些启示。佛陀慈悲地看着妇人说："妇人家，你只要找到一样东西，我就有办法救治你的孩子。"

绝望中的母亲听到这句话之后怀着无限期盼对佛陀说："佛陀，只要能救我的孩子，任何东西我都愿意去找。"

"你如果能找到吉祥草，把它覆盖在你孩子的身上，便能起死回生。"

"什么叫吉祥草？要到哪里才采得到呢？"

"吉祥草生长在从来没有死过亲人的人家之中，你赶快去寻找吧！"

怀着一线希望的母亲，锲而不舍、挨家挨户地寻找，每到一户人家，便恭敬地双手合十问道："请问你家曾经死过人吗？你家里有吉祥草吗？"

"我家没有种植什么吉祥草。数月前我家老人才刚刚过世。"

问了很多人家，就是没有一户不曾死过亲人的。妇人失望极了，世间之大，竟然没有一个人能够救她的孩子。佛陀于是开导她说："你终于明白任何人家都曾死过亲人的道理。世间万物，有生必有死，有生必有灭，诸行无常的生灭现象，是自然的法则。因此你儿子的死亡，也是一种必然的实相。"

人生的无常，一如风云的变幻。了解了人生的无常，不是让人消极、悲伤、放弃一切希望，而是让我们觉悟以求解脱，以坦然的态度面对，这样，我们的心情自然就能获得永恒的喜悦。

素心小语

顺其自然不是宿命论，而是在遵守自然规律的前提下积极探索；顺其自然不是不作为，而是有所为，有所不为。人生如同一艘在大海中航行的帆船，偶遇风暴是无法改变的事实，只有顺其自然，学会适应，才能战胜困难。

第4辑

正心诚意，浩然于胸

——存一颗坦荡心

有一句话说得好：君子坦荡荡，小人长戚戚。生而为人，应当有一种浩然之气，对人有诚意，真心待人。只有这样，你才会受到别人的欢迎，才会赢得别人的信任。“以真心换真心”，做人和做事都应如此。

1. 要学会真诚，切不可做个口是心非的人

做人要拥有堂堂正正坦坦荡荡让人信得过的人格魅力，这样的人处处会受人欢迎。然而生活中的有些人却不够真诚，常常口是心非，不以真诚示人。口是心非，毫无疑问，就是表面上说得天花乱坠，而内心则全非如此；表面上对你百依百顺，而实际上则是我行我素；嘴里说着对你的赞誉之词，而内心则是诅咒你不得好死……试想一下，如果长期生活在这些人当中，吃过几次亏之后，不论是谁都会增强戒备之心，对他的话加上几个问号。但是话又说回来，如果每个人都变成了这样，都像戴着一副面具而且是慈善面具，那生活还有什么意思呢？人与人之间的真诚、友爱都到哪里去找呢？所以说，我们每一个人，特别是年轻人，要努力去扭转这个局面，要有正气，要学会真诚，切不可做个口是心非的人。

口是心非，对别人不真诚，会使你失去许多宝贵的东西。就像上面说的，你口不对心，表里不如一，对别人人前一面，人后一面。反过来，别人对你也会如此，仔细想一想，这样的生活岂不是很累？每天都要去琢磨别人讲的每一句话，哪句话是真的，哪句话是假的，时间会在你的眼前无声无息地流逝掉，生活中其他的事你就会无暇顾及。

口是心非的人最善于钩心斗角。因为他就是每天都在考虑表面如何应付别人，行动上又如何去算计别人。与这种人为伍是非常危险的，因为你不知道他心里到底是怎么个想法。在文学史上，《伪君子》中的达尔杜

弗是口是心非的典型代表，他已成为“伪善、故作虔诚的奸徒”的代名词。他表面上是上帝的使者，虔诚的教徒，而实际上则是个色鬼，是个贪财者；他表面上对奥尔贡一家恭维，而实际上则用最卑鄙的手段去谋害这一家人。可以说他是个表面上好话说尽实际上则是坏事做绝的最无耻、最卑鄙的小人。但是他最终的结局呢？他的这一套无耻的手段终于被人识破了，西洋镜最终被人揭穿，达尔杜弗成了万人唾弃的小人。他整天苦心于算计别人，最终把自己推进了万丈深渊。

口是心非与虚伪可以说是同义词。因为口是心非的人为了掩饰自己内心的想法，必然要用谎言去应付别人。谎言说多了，被别人识破了，他也就成为了一个虚伪的人。任何一个有自尊心的人都是不愿被别人称为“伪”人的。一旦在别人的心目中成了虚伪的人，那他的生活将是很痛苦的，到处是不信任的眼光，到处是不信任的口吻，那滋味真是难受极了。

作伪或说谎，即使它可能在某些场合发挥作用，但其罪恶是远远超过其益处的，因为经常作伪者绝不是高尚的人，而是邪恶的人。当然，一个人不可能一下子就变坏。一个人起初也许只是为了掩饰事情的某一点而做一点伪事，但后来他就不得不做更多的伪事，说更多的谎话，以便于掩饰与那一点相关联的一切。总结起来，做伪事说谎话、口是心非大概出于以下几种目的：其一是为了迷惑对手，使对方对自己不加防备，以便达到自己的目的；其二是为了给自己留一条退路，这也是为了保全自己，以便再战；其三嘛，则是以谎言为诱饵，探悉对手的意图，这种人是最危险的。西班牙人有一句成语：说一个假的意向，以便了解一个真情。也许，这些目的有的可能不能算作恶，但作为口是心非者，其说谎或作伪的害处却是很大的。首先，说谎者永远是虚弱的，因为他不得不随时提防被揭露，就像一只伪装成人的猴子一样，要时刻防备被人抓住尾巴；其次，口是心非者最容易失去合作者，因为他对别人不信任、不真诚，别人也就以其人之道还治其人之身；其三也就是最重要的一点，口是心非者终将失去人格——毁掉他人对他的信任。可以说，世界上恐怕没有比失去人格更可悲、可痛的事了。

因此说，做人就要做个真诚的人，要言行一致。“口言之，身必行之。”墨子这句话是很对的。对待别人要诚实，不要两面三刀。林肯讲过：“你能在所有的时候欺骗某些人，也能在某些时候欺骗所有的人，但你不能在所有的时候欺骗所有的人。”是的，在工于心计算计别人中度过一生，是不可能的，即使可能也是很累、很痛苦的。坦诚地做人，用一颗真诚的心去对待别人，大气一点，别伪饰，别背后使坏，不要成为一个口是心非的小人，这样生活才更加舒坦。

素心小语

在工于心计算计别人中度过一生，是不可能的，即使可能也是很累、很痛苦的。坦诚地做人，用一颗真诚的心去对待别人，大气一点，别伪饰，别背后使坏，不要成为一个口是心非的小人，这样生活才更加舒坦。

2. 摘下面具，改变化装舞会式的生活

玛莎·朱尔蒂太太从小就特别敏感而腼腆，她的身材一直太胖，而她的一张脸使她看起来比实际还胖得多。玛莎有一个很古板的母亲，她认为把衣服弄得漂亮是一件很愚蠢的事情。她总是对玛莎说："宽衣好穿，窄衣易破。"母亲也总是这样来帮玛莎穿衣服的。

玛莎从来不和其他的孩子一起室外活动，甚至不上体育课。她非常害羞，觉得自己和其他人都"不一样"，完全不讨人喜欢。

长大之后，玛莎嫁给一个比她大好几岁的男人，可是她并没有改变。她丈夫一家人都很好，对她充满了信心。玛莎尽最大的努力要像他们一样，可是她做不到。他们为了使玛莎开朗而做的每一件事情，都只会令她退缩到她的壳里去。玛莎变得紧张不安，躲开了所有的朋友，情形坏到她甚至怕听到门铃响。玛莎知道自己是一个失败者，又怕她的丈夫会发现这一点，所以每次他们出现在公共场合的时候，她都假装很开心，结果常常做得太过分。事后，玛莎会为此难过好几天。她最后不开心到觉得再活下去也没有什么意义了，想自杀。

有一天，玛莎的婆婆正在谈她怎么教养她的几个孩子，她说："不管事情怎么样，我总会要求他们保持本色。"

"保持本色！"就是这句话！在一刹那，玛莎才发现自己之所以这么苦恼，就是因为她一直在试着让自己适应一个并不适合自己的模式。正是

婆婆随口说的一句话，改变了玛莎的整个生活。

玛莎后来回忆道："在一夜之间我整个改变了。我开始保持本色。我试着研究我自己的个性，自己的优点，尽我所能去学色彩和服饰方面的知识，尽量以适合我的方式去穿衣服。主动地去交朋友，我参加了一个社团组织——起先是一个很小的社团——他们让我参加活动，把我吓坏了。可是我每发一次言，就增加一点勇气。今天我所有的快乐，是我从来没有想到可能得到的。在教养我自己的孩子时，我也总是把我从痛苦的经验中所学到的教给他们：'不管事情怎么样，总要保持本色。'"

世界上最可怜、最痛苦、最不幸福的人，莫过于那些迷失自我的人。人要活得自然一些，不必掩饰自己，越掩饰越显得畏畏缩缩，处处不自在。当一个人弃绝了矫饰而成为真正的自己时，他的满足与轻松是无与伦比的。

许多人终生过着化装舞会式的生活，他们戴上各种面具，希望避开他人的责难。他们把真实的自我深锁在面具之后，把它当作令自己害怕的黑暗秘密。

有些人终其一生始终隐藏着自己的真实面目，他们脸上所戴的面具，使自己远离了真实的生活。弱者往往戴上自尊自强的面具，以掩饰他们容易受伤的弱点。对自己的美貌感到骄傲的女人往往戴上冷漠的面具，以掩饰她渴望受宠的需求。认为自己失败的男子，可能会戴上自夸的面具，令人厌烦地大谈他的成功史。渴望早点嫁人的女孩子，却偏要假装她从未想到结婚这件事。

这只是我们所戴的众多面具中的少数几个。有时它们能保护我们，使我们不会受到责难，但它们也会让我们和诚实的人隔离。正是为了掩饰自己身上这样或那样的弱点，我们给自己戴上了生活的面具。

用戴面具的形式来掩饰自己的真面目，所承受的痛苦令人难以忍受。因为戴上面具后，我们就必须为了这个虚伪的东西而付出大部分精力和心思违心地去维护、去遮掩。所以说，我们不妨纯粹一点，纵不能为所欲为，也大可不必违心地生活。我们应该尽量摘下面具，多以本色示人，保持自己纯真的一面，这样才可能获得更多的快乐。

当贝蒂·福特成为美国第一夫人时，她即以坦白率直闻名，紧追不舍又唯恐天下不乱的新闻记者问到她对各种问题的观点时，她总是直率而坦白地回答。有一次，一个冒失的记者甚至问她和丈夫做爱的次数，当时她竟能从容不迫地回答："尽我所能的多。"另外，她也不想隐瞒有关她早期精神崩溃及服用药物、酗酒等有损名誉的过去。

有像福特夫人这种坦诚个性的人，一定能获得真正的友谊。虽然不能保证坦白会使你获得普遍的欢迎——有些保守团体就对福特夫人的观点持反对的看法——但你能够坦诚，自然会有人爱你。

教皇保罗八世之所以到处受欢迎，部分原因是由于他完全不掩饰。他一生都很胖，而且出身贫苦的农家，但他从不掩饰外貌与出身的缺陷。在他当上教皇后，有一次去拜访罗马的一所大监狱，在祝福那些犯人时，他坦诚地说他这一次到监狱是为了探望他的侄子。很多人认为他是耶稣的化身，因为他除了知道怎样分享别人的苦乐之外，另一个原因就是他坦率真诚。

人存活于世间，能以本色天性面世，不费尽心机，不被那些无谓的人情客套、礼节规矩所约束，能哭能笑，能苦能乐，泰然自在，怡然自得，真实自然，保持自己的个性特点，这就是一种超然物外的生活方式，一种难得的快乐境界！

素心小语

用戴面具的形式来掩饰自己的真面目，所承受的痛苦令人难以忍受。因为戴上面具后，我们就必须为了这个虚伪的东西而付出大部分精力和心思违心地去维护、去遮掩。所以说，我们不妨纯粹一点，纵不能为所欲为，也大可不必违心地生活。

3. 不要无中生有，硬给自己脸上贴金

电视剧《大长今》很多人都看过，有一集剧情是这样的：韩尚宫得知来朝鲜的大明朝使节患有消渴症，特地准备了清淡的菜肴呈上。虽然这样的膳食让饮食挑剔的使节开始大为恼怒，但韩尚宫为使节的身体着想，据理坚持，长今力陈缘由，明朝使臣为她们的这种精神所感动，拒绝了吃满汉全席，而让她们负责自己在朝鲜的饮食。这次明朝使臣对饮食非常的满意，于是爽快地答应了册封世子的事情，让满朝上下皆大欢喜。

这些分明是韩尚宫和长今的功劳，但身为临时代理最高尚宫的崔尚宫，同提调尚宫向太后汇报御膳厨房的工作时，却瞒下了事实的真相，把功劳据为己有。在大殿内，太后高兴地对崔尚宫和提调尚宫说："你做得太好了，我一直担心明朝使臣会在饮食上找麻烦，看样子都是崔尚宫把事情处理好的。"崔尚宫趁机把功劳揽到了自己身上，对太后说："是这样的。"提调尚宫忙替崔尚宫说："如果不是崔尚宫处理得恰当，事情是不会这样顺利的。"

后来，皇后过来向太后请安，并说出了事情的真相。太后听后勃然大怒，将提调尚宫和崔尚宫再次召到殿内，厉声斥责她们道："假装是自己的功劳，对别人的功劳只字不提，如果不是皇后向我说这件事，我差点被你们给骗了！"在这样的斥责面前，两个人都感到了莫大的羞辱。

虽然这只是电视剧中的剧情，但却对现实生活有极大的教育意义，因

为现实生活中这样的大有人在。

在竞争激烈的工作环境中，有些人总喜欢把别人的功劳据为己有。这样的人，不去创造业绩，而是偷偷地去占有别人的功劳，到最后只能是既损人又不利己。

李明明和丁娟两个人在一家公司工作，平时相处得很不错。

年终，公司搞推广策划评比，每个人都可以拿方案，优胜者有奖。李明明觉得这是一个好机会。经过半个月的深入调研，加上平时对市场工作的观察思考，李明明很快做出了一个非常出色的策划案。

方案征集截止日的最后一天，丁娟突然叹了一口气说："哎，明明，我还真有点紧张，心里没底啊。你帮我看看方案，提提意见。"李明明连想都没想就答应了。丁娟的策划很是一般，没有什么创意，李明明看完没好意思说什么。

丁娟用探究的目光盯着李明明，说："让我也看看你的方案吧。"李明明心里一阵懊悔，可自己刚才看了人家的，现在没有理由不让人家看。

第二天开会，丁娟因为资历老，按次序先发言，丁娟讲述的方案跟李明明的方案一模一样，在讲解时，她对老板说："很遗憾，我现在只能讲述自己的口头方案，电脑染了病毒，文件被毁了，我会尽快整理出书面材料。"

李明明目瞪口呆，她没想到丁娟抢自己的功劳，她不敢把自己的方案交上去，也不敢申诉，她资历浅，怕老板不相信自己，只好伤心地离开了这家公司。

丁娟的方案获得了老板的认可，可是因为方案不是她自己的，有些细节不清楚，在执行方案时出了很多漏洞，又无法及时修正，结果失败了。

后来老板得知她是抢了别人的方案，就无情地炒了她的鱿鱼。

做人就要坦坦荡荡，不是自己的功劳，就不要挖空心思地去占有。不抢功，不夺功，这样的人不仅人际关系好，而且会永立于不败之地。

曾经有这样一件事：一个研究所的副所长，他负责一个课题的研究，由于行政事务繁多，他没有把全部精力放在课题的研究上。他的助手通过辛勤努力把研究成果搞了出来，这个课题得到了有关方面的认可，赢得了很大的荣誉。报纸、电视台的记者都争相采访这位副所长，他都拒绝了，并对记者们说："这项研究的成功是我助手的功劳，荣誉应该属于他。"

记者们听了，为他的诚实和美德所感动，在报道助手的同时，还特别把副所长坦荡的胸怀和言语都写了出来，使这个副所长也获得了很好的评价和荣誉。

做人就要坦荡一些，自己是什么样就是什么样，不要无中生有、硬给自己脸上贴金，殊不知，抢来的功劳，不但不能为你增光添彩，还有可能让你声名狼藉。自己没有功绩就坦白地承认，他人有了功劳就真诚地祝福，这样你反倒有可能得到美名。

素心小语

做人就要坦荡，不是自己的功劳，就不要挖空心思地去占有。不抢功，不夺功，这样的人不仅人际关系好，而且会永立于不败之地。

4. 以一颗公心待人待事，以一颗公心怯私除弊

做人最重要的是什么？一位社会学家说得好，做人最重要的是要出于公心。翻开人类的历史，公心对人，平心对事，为人处世但求“公平”二字，则人们没有不服从的。不能以公为私，以私害公，这两点最好铭记在心。

历史记载：“范文忠公身为谏臣，赵清献公作为御史，因辩论事情意见相左而互有隔膜。王荆公几次诋毁范公，并且说：‘陛下问赵忭，就知道他的为人。’后来有一天，神宗问清献公赵忭，赵忭回答说：‘忠臣。’皇上说：‘你怎么知道他是忠臣呢？’赵忭回答说：‘嘉佑初期，神宗违豫，他请立皇嗣，以安定国家，难道这不是忠吗？’退出后，王荆公问赵忭说：　‘你不是与范仲淹有仇隙吗？’赵忭说：‘我不敢以私害公。’”不敢以私害公，这是何等的大气，这等大气，说起来容易，做到就难了。既不敢以私害公，自然也不敢以公为私。从那以后，有几个人能及他？不但范文忠公佩服他，神宗也佩服他，连王荆公也不得不服他。

不以公为私，首先在于廉而不贪。这不但要观察他的从前，尤其要观察他的后来。顾炎武在《日知录》中说：“季文子死时，以大夫礼节入殓，以他用过的家用器具陪葬。没有锦衣的妾婢，没有吃粮食的马，没有家藏的金银，没有贵重家器。君子这就知道季文子是忠于王室了。辅佐三代君主，而没有家私积蓄，难道说不忠吗？”诸葛亮呈表给后主刘禅说：

“我家在成都有八百棵桑树，薄田十五顷，子孙的穿吃二事，全靠自家，我觉得宽裕有余。至于我在外面，没有别的调度，只有随身衣物、食用之类，全都仰仗官府，不另索取，以长尺寸。我死的时候，不要使内有余帛，外有盈财，以辜负陛下。”到诸葛亮死的时候，正像他所说的那样。廉洁，不过是人臣的一节，而史家称他为忠。读过诸葛亮的表言，可以看出他的操守、他的志趣、他的肝胆、他的赤诚之心，字字见血，句句灼心长，可与日月同辉。

想征服人，征服天下与后世，不仅要以贪赃枉法、受贿自富作为大戒，就是一般的人情馈赠，也要慎之又慎。

王朗川的《言行汇纂》记载：“云南大理府出产石屏，管理这个地方的官员，每个都是劳民伤财，车船载着石屏去馈赠于人。有个帮主独自寓意于送行诗说：‘相思莫遣石屏赠，留刻南中德政碑。’又有河南土产特种蘑菇线香，旅游的人，都拿取以馈赠于人。当肃愍公巡察这个地方时，他一点都不取。当时有人作诗说：‘手帕蘑菇与线香，本资民用反为殃。清风两袖朝天去，免得闾阎话短长。’”

这虽然是小事，然而从这里可以看出肃愍公为人的高风亮节。小节立，大节也就自然可立。取财之道很多，要想发财就不要去做官，以做官而发财，终究会有凄凉之日。作为一身之计，就不必为财；为了子孙之计，就不必留财。财多，必然累己、害己。还不如清廉自守，留个好名声、好榜样给子孙后代。

不以公为私，还体现在为人的公正上。春秋时，晋国有一个有名的官员叫祁黄羊，当时，正是晋平公的时代。晋平公有一次问祁黄羊说：“南阳县缺个县长，你看，应该派谁去当比较合适呢？”

祁黄羊毫不迟疑地回答说：“叫解狐去，最合适了。以他的才学，他一定能够胜任的！”

晋平公惊奇地又问他：“解狐不是你的仇人吗，你为什么还要推荐他呢？”

祁黄羊平静地说：“国君，您只问我什么人能够胜任，谁最合适，您你并没有问我谁是我的仇人呀！”

晋平公听了，呵呵一笑，于是，就派解狐到南阳县去上任了。解狐到任后，果然用自己的才学把那里治理得井井有条，替那里的百姓办了不少好事，大家都称颂他。

晋平公看见祁黄羊荐人得当，非常高兴，过了一些日子，晋平公又问祁黄羊说：“现在朝廷里缺少一个法官。你看，谁能胜任这个职位呢？”

祁黄羊想了想说：“祁午能够胜任。”

晋平公又奇怪起来了，问道：“祁午不是你的儿子吗？你推荐你的儿子，不怕别人讲闲话吗？”

祁黄羊又说：“国君您只问我谁可以胜任，以他的才华，完全可以胜任此职，所以我推荐了他，您并没问我谁是我的儿子呀！”

晋平公就派了祁午去做法官。祁午当上了法官，果然干得也很不错，替百姓办了许多好事，很受百姓的欢迎与爱戴。

孔子听到这两件事，十分称赞祁黄羊。孔子说：“祁黄羊说得太好了！他推荐人，完全是拿才能做标准，不因为他是自己的仇人，心存偏见，便不推荐他；也不因为他是自己的儿子，怕人议论，便不推荐。像祁黄羊这样的人，才够得上说大公无私！”

不以公为私，这是一种高尚的情操，一种为人的正气。早在古代，就已经有先人给我们展现了如此的“光辉形象”，我们也要以先人为楷模，以一颗公心待人待事，以一颗公心怯私除弊，那么，还能有什么人不敬服我们呢？

素心小语

翻开人类的历史，公心对人，平心对事，为人处世，但求公平二字，则人们没有不服从的。不能以公为私，以私害公，这两点我们最好铭记在心。

5. 正直的节操，是一种良心底线

孔子说："金钱和地位，这是人人所想要的，不用正当的方法得到它们，君子不享受。贫穷和下贱，这是人人所厌恶的，不用正当的方法摆脱它们，君子不摆脱。君子离开了仁德，怎么能配得上君子之名呢？君子不会有一顿饭的时间离开仁德，即使在匆忙紧迫的情况下也一定要按仁德的要求去做，在颠沛流离之中也一定要实行仁德。"

孔子的这段话概括起来，也就是告诉人们，无论是富贵的求取、贫贱的摆脱，都应该经由正道。

然而，富与贵的诱惑，摆脱贫贱的要求，其力量实在太大了，这是许多人想用毕生的努力达到的。许多人就是因为抵挡不住"诱惑"和"要求"而不择手段，走上犯罪的道路。

从一定意义上讲，孔子在这里讲的不仅是一个金钱观、人生观的问题，更蕴含了当人面对眼前的诱惑时，该怎样进行选择这一现实命题。诱惑往往造成短视，而这种短视则有可能一步步将人引上邪路。因此，在许多时候，我们不应该认为吃亏就是傻，也不应该认为一时得了好处就是走了大运。在各种诱惑面前，我们必须有自己的原则，这个原则无论是什么，都不应该脱离正道。能坚持守正而行的人，可以坦荡地面对任何人，他们永远不会问心有愧。

当然，我们并不是提倡远离富贵，拒绝摆脱贫贱，关键是看你用什么手段去取得富贵，这才是重要的。人称“关西孔子”的东汉名臣杨震“夜畏四知，严拒私谒”，为世人做出了表率。

杨震，字伯起，东汉弘农郡华阴县今陕西华阴人。弘农杨氏是汉代的名门世家。杨震少时即勤奋好学，拜名儒太常桓郁为师，攻读《尚书》，明经博览，无不穷究，成为闻名天下的大学者。当时的经学儒士们对杨震推崇备至，称他为“关西孔子”。

杨震客居异乡二十多年，靠教书得来的微薄收入奉养老母。州郡闻其名，屡召不出，直到50岁时，在朋友们的劝说下，才应聘到州里任职。大将军邓骘久闻杨震贤能之名，举为茂才秀才，先后担任过荆州刺史、东莱太守、涿郡太守等职务，为官以廉能著称。

安帝元初四年，杨震被调到朝廷任太仆九卿之一，转任太常。他因举荐杨伦等一批贤能之士为博士官，扭转了选举不实的局面，因而受到朝野的赞扬。永宁元年120年，他晋升为三公之一的司徒。

杨震入仕之前家境窘迫，长期过着自食其力的清贫生活。他除了教授学生之外，还借种别人的一块土地，亲自耕耘，维持生计。当时的人都很敬重他，但他从不接受别人的馈赠，他从荆州调到山东任东莱今山东莱州太守，路经昌邑县今山东金乡西北时，昌邑县令王密特来参见。王密是杨震在荆州时举荐的茂才，他为了报答杨震的知遇之恩，当天晚上趁夜深人稀，怀揣十斤黄金呈献杨震。

杨震批评他说：“作为老相识，我比较了解你，你怎么会不了解我呢？”

王密以为他假意推辞，便说：“夜里不会有人知道这种事，请大人放心收下吧。”

“天知、神知、我知、你知，怎能说没有人知道呢？快给我收起来！”杨震严肃地训斥了他。王密只得连连向他道歉，收起金子拜辞而回。

从此，杨震“夜畏四知，严拒私谒”的故事一直被后世传为美谈。

杨震的这种崇高品质，不仅显示了一个正直为官者的情操，也给世人一种启示：做人是要坚持一种东西的。而正直的节操，既是一种良心底线，更需要我们不断地在生活中将它升华。这不是一种自咏自唱的高调，更不能把它作为一种“秀”来给自己的分量加上不实在的砝码。要知道，即便仅仅是为了做一番事业，也是需要有一个坚实的支撑点的，这个支撑点就是一个“正”字。

素心小语

诱惑往往造成短视，而这种短视则有可能一步步将人引上邪路。因此，在许多时候，我们不应该认为吃亏就是傻，也不应该认为一时得了好处就是走了大运。在各种诱惑面前，我们必须有自己的原则，这个原则无论是什么，都不应该脱离正道。

6. 不管别人怎么评价，都要坚持做一个正直的人

如今，有人认为正直的人吃不开，也有人认为现在社会上正直的人少了，即使有也是逢场作戏罢了。其实，这些说法有失偏颇。尽管现实生活中确有一些人在金钱和权力面前失去了正直的品格，泯灭了做人的良知，但我们要相信正直的人还是占大多数。也正是有了这些正直者，才使得那些违法违纪者不至于肆无忌惮、为所欲为。所以，我们不能丧失做人的正直品格，不管别人怎么评价，都要一如既往地坚持下去。

正直，是一种优良的品格，是一个人思想道德和价值观念的综合反映。没有崇高的理想信念和乐于吃亏的奉献精神，就不可能有正直的品格。具有正直品格的人，无论在什么时候、什么情况下，都敢于挺直腰杆，维护正义的尊严。因为，一个正直的人不能把自己分成两半，口是心非，说一套干一套，也不会违背做人的原则，奴颜婢膝。一般来说，正直的人内心的矛盾冲突相对较少，所以才保持了敏锐、清醒的头脑，无所顾忌地干事业，并获得成功。同时，正直意味着他们有高度的事业心、责任感以及很强的道德感、服从意识和维护真理的勇气。

李开复曾经讲过这样一个故事。他在苹果公司工作时，曾有一位刚被他提拔的经理，由于受到下属的批评，非常沮丧地要李先生再找一个人来接替他。李先生问他："你认为你的长处是什么？"他说："我自信自己是一个非常正直的人。"李先生告诉他："当初我提拔你做经理，就是因

为你是一个公正无私的人。管理经验和沟通能力是可以在日后工作中学习的，但一颗正直的心是无价的。”

李先生支持他继续干下去，并在管理和沟通技巧方面给予他很多指点和帮助。最终，他不负众望，成为了一个出色的管理人才。现在，他已经是一个颇为成功的首席技术官。

与之相反，李先生曾面试过一位求职者。他在技术、管理方面都相当出色。但是，在谈论之余，他表示，如果录取他，他甚至可以把在原来公司工作时的一项发明带过来。随后他似乎觉察到这样说有些不妥，特作声明：那些工作是他在下班之后做的，他的老板并不知道。

这一番谈话之后，对于李先生而言，不论他的能力和工作水平怎样，李先生都不会录用他，原因是他缺乏最基本的处世准则和最起码的职业道德——“诚实”和“信用”。如果雇用这样的人，谁能保证他不会在这里工作一段时间后，把在这里的成果也当作所谓的“业余之作”而变成向其他公司讨好的“贡品”呢？

李先生其实是在告诉我们：一个人品不完善的人是不可能成为一个真正有所作为的人的。

在一所大医院的手术室里，一位年轻的护士第一次担任责任护士。“大夫，你只取出了11块纱布，”她对外科大夫说，“我们用的是12块。”“我已经取出来了。”医生断然道，“我们现在就开始缝合伤口。”“不行！”护士抗议说，“我们用了12块。”“由我负责好了！”外科医生严厉地说。“你不能这样做的！”护士激烈地喊道，“你要为病人想想！”大夫微微一笑，举起他的手让护士看了看这第十二块纱布，“你是合格的护士。”他说道。他在考验她是否尽责、正直，而她具备了这一点。

为什么这位护士能够坚持自己的正确看法，并全力维护病人的安全，而我们现实生活中的有些人却做不到这一点呢？首先是因为那些人社会责任的淡化，导致责任感涣散，信念不坚定，就容易被权力、权威所左右。其次是人们的是非观念模糊，好坏不分，缺乏正义的氛围，我们不是经常可以听到正直的人受到排挤的传闻吗？再次是个人内心的矛盾冲突，使意志发生动摇，为名利所困扰，从而对不良现象和行为熟视无睹，等等。

一个人要在社会上做一个真正正直的人是相当难的，正因为难，才使得正直的人难能可贵，令人敬佩和尊崇。正直所具有的价值，是值得人们为此而努力实践的。

做一个正直的人，就会去掉懦弱，变得勇敢；去掉犹豫徘徊，变得坚定果断；去掉疑虑，变得心地坦然；去掉冷漠，变得热心肠；去掉孤独，带来友谊、信任和希望。一个人的正直品格不是与生俱来的，而是要靠在社会实践中逐渐养成和铸就的。一是要锻炼自己，在一些细小的事情上做到完全真诚，不讲假话；二是要在个人独处或面对某种诱惑时把握住自己，不违法违纪；三是要在关键时刻站出来伸张正义，不临阵退缩；四是要在名利得失面前经受住考验，不见利忘义，丧失良知。善良的人们都期待着正直的风气更加浓厚，正直的人越来越多；正直的人不失其正直的品格，更加正直；埋怨别人不正直的人，首先从自己开始正直起来，以实际行动去影响他人，让更多的人正直。

素心小语

正直的人内心的矛盾冲突相对较少，所以才保持了敏锐、清醒的头脑，无所顾忌地干事业，并获得成功。

7. 无论诱惑多大，都不可出卖自己的人格

人格操守是事业上最可靠的资本，不少人对于这一点缺乏认识。这些人过分注重技巧、权谋和诡计，却忽视了对正直品格的培养。为什么有许多公司情愿以非常昂贵的代价，去用已死数十年或数百年的人的名字来做公司的名称呢？因为在那些已逝者的名字里面含有正直的品格，代表着信用，使消费者感到可靠。想想有些人的名字，其信用之稳固程度如同“直布罗陀的岩石”一样，坚固不移，可想而知人格的价值有多重大。

林肯的美好名声为什么不随着岁月的流逝而消失，相反却与日俱增，妇孺皆知呢？因为林肯的一生都保持着正直的品格，从来没有作践过自己的人格，从来不糟蹋自己的名誉。

公道、正直与诚实是成功所包含的要素。而此种美德，林肯无一不具备，倘若缺乏这种种美德，他怎能做出轰轰烈烈的事业来？

试问，在人类的历史上，有多少人能像林肯那样精神不死、流芳百世呢？恐怕是极其罕见的。看来的确是印证了一句话：“正直的人品是世界上最伟大的一种力量。”

如果一个青年在刚踏入社会的时候，便决心把建立自己的品格作为以后事业的资本，做任何事情都无悖于养成完美人格的要求，那么，即使他无法获得盛名与巨大利益，但终不至于失败。而那些人格堕落、丧失操守

的人，却永远不能成就真正伟大的事业。

一些人明明知道这样的事实，但是他们仍然不将事业的基础建立在正直的品格上，反而建立在诡计和欺骗上，这难道不令人感到奇怪吗？

每一个人都应该感到，在自己的体内有一种富贵不能淫、威武不能屈的力量，这极其宝贵的力量就是一个人的品格，而人应不惜生命来保持正直的品格。大凡历史上真正伟大的人物，是不会因金钱、权势、地位等种种诱惑而出卖人格的。

林肯做律师时，有人找林肯为一件诉讼中明显理亏的一方作辩护，林肯回答说："我不能做。如果我这样做了，那么出庭陈词时，我将不知不觉地高声说：'林肯，你是个说谎者。'"

当一个人过着一种虚伪的生活，戴着假面具，做着不正当的职业时，他将受到自己内心的嘲笑，甚至会鄙弃自己。他的良心将不住地斥责他的灵魂："你是一个欺骗者，你不是一个正直的人。"

无论有多大的利益，多么难以抵制的诱惑，都千万不可出卖自己的人格。如果一个人过分地追逐名利，将会败坏他的才能，毁灭他的品格，使他做出违背良心的事情来。

素心小语

如果一个青年在刚踏入社会的时候，便决心把建立自己的品格作为以后事业的资本，做任何事情都无悖于养成完美人格的要求，那么，即使他无法获得盛名与巨大利益，但终不至于失败。而那些人格堕落、丧失操守的人，却永远不能成就真正伟大的事业。

8. 一个正心诚意的人是不屑于搬弄是非的

一个爱搬弄是非的人，内心是阴暗的，他们常常有着过分强烈的私欲，他们的所作所为大都是为了引起别人对他们的关注，他们的内心缺少容人容事的能力，他们的人格是不健全的。所以，我们要避免成为搬弄是非的人。

搬弄是非所造成的后果往往是无法估计的。

公元前 527年，楚国的国君楚平王给儿子娶亲，选中的姑娘是秦国人，楚平王派大夫费无忌前去秦国迎亲。费无忌到秦国看到姑娘后大吃一惊，这姑娘太漂亮了，美若天仙。在回来的路上，费无忌开始琢磨起来，他认为这么美丽的姑娘应该献给正当权的楚平王。

这时，车队已经接近国都，国人也早知道太子要娶秦国的姑娘为妻，但费无忌还是抢先一步到王宫，向楚平王描述了秦国姑娘的美丽，并说太子和这位姑娘还没见面，大王可先娶了她，以后再给太子找一位更好的姑娘。

楚平王动了心，想得到那个女人，于是让费无忌去办此事。费无忌稍做手脚，秦国妃子原本是太子的姑娘，转眼间成了楚平王的妃子。

办完这件事后，费无忌既兴奋又害怕，兴奋的是楚平王越来越宠信他；害怕的是因这件事得罪了太子，而太子早晚会掌大权的。于是费无忌又对楚平王说："那件事之后，太子对我恨之入骨，我倒没什么，关键是他对大王也怨恨起来，望大王戒备。太子握有兵权，外有诸侯支持，内有老师伍奢的谋划，说不定哪一天要兵变呢！"

楚平王本来就觉得对不起儿子，儿子一定会有所行动，现在听费无忌这么一说，心想果不出所料，便立即下令杀死太子的老师伍奢及其长子伍尚，进而又要捕杀太子，太子与伍奢的次子伍员只好逃离楚国……

在整个事件中，费无忌无疑是那个搬弄是非的小人，本来可以好好相处的父子，却因为一个搬弄是非者而变得父子反目。可见，搬弄是非者是多么的可耻可恨。

可生活中有人偏偏喜欢到处散布别人的流言蜚语，搬弄是非。也许这类人只是没事练练舌头，或者增加一点儿饭后的谈资，但他们的言辞却对别人造成了很大的伤害，这样的做法绝不是正义之士所为。

一个正心诚意的人是不屑于搬弄是非的，但却免不了要与搬弄是非的人交往。对于这样的人，你可以采用以下方法对付：

一是给予拒绝。与不同类型的人交往要有不同的表现形式。与比自己强的人交往，需要诚恳、虚心；与不如自己的人交往，需要谦和、平等；而和那些搬弄是非的人交往，则需要正直、坦荡。

拒绝答应对同事间的闲言碎语或是流言蜚语保密，有问题就摆在桌面上，以便大家共同解决。认识事物要有正确的方法，看问题要全面，要有自己的见解，要不偏不倚，不能偏听偏信。

背后议论别人是一种不道德的行为，帮助别人改正这种习惯也是应该的。帮助搬弄是非者改变这种恶习，行之有效的方法是：尊重对方，以朋友的姿态善意地规劝对方，要向他表示你的诚意和立场，适当的时候还要与他合作。

二是置之不理。有些人搬弄是非的恶习已成为其性格特点，那么你就干脆不理睬他。不要认为那些把是非告诉你的人是信任你，他很可能是希望从中得到更多的谈话材料，从你的反应中再编造故事。所以，聪明的人不会与这种人推心置腹。而令他远离你的办法，是对任何有关传闻反应冷淡、置之不理、不予回答。

三是与这种人不宜过多交往。有时候，尽管你听到关于自己的是非后感到愤慨，但表面上你必须努力控制自己的情绪，保持头脑冷静和清醒。你可以这样回答："啊，是吗？人家有表示不满、发表意见的权利嘛。"或者说："谢谢你告诉我这个消息，请放心，我不会在意的。"如此一来，对方就会感到无空子可钻了。

如果对方总是恶意地不厌其烦地把不利于你的是非和过错四处传播，以致对你造成巨大的伤害和负面影响，那么你不宜再与此类人交往。

记住，生活中总是有这样的小人，闲着无聊时搬弄是非来打发时间，私欲作祟时搬弄是非来害人，这样的人是十分可怕的。但是，邪恶永远无法战胜正义，当人们认清了他们的面目时，他们就不会再有立足之地。

素心小语

一个爱搬弄是非的人，内心是阴暗的，他们常常有着过分强烈的私欲，他们的所作所为大都是为了引起别人对他们的关注，他们的内心缺少容人容事的能力，他们的人格是不健全的。所以，我们要避免成为搬弄是非的人。

第5辑

天地有止，心灵无界
——存一颗宽容心

宽容是一种非凡的气度、宽广的胸怀，是对人对事的包容和接纳。宽容是一种高贵的品质、崇高的境界，是精神的成熟、心灵的丰盈。宽容是人类情感中最重要的一部分，这种情感能融化心头的冰霜。而缺乏宽容，将使个性从伟大堕落到连平凡都不如。

1. 君子的风范就是能有宽阔的胸怀和容人的肚量

宽容，不仅是人的一种修养，更重要的是体现了一个人的智慧。“海纳百川，有容乃大”。宽容是一种博大的情怀，是一种积极的生活态度和高尚的道德观念。

有一位德高望重的长老，一天他在寺院的高墙边发现一把椅子，他知道这是贪玩的小和尚借此越墙到寺外去玩。于是长老搬走了椅子，站在椅子的位置等候。午夜，外出的小和尚回来了，他爬上墙，再跳到“椅子”上，他觉得“椅子”踩上去的感觉有点怪，不似先前硬，而是软软的甚至有点弹性。落地后小和尚定睛一看，才知道椅子已经被挪走了，刚才是长老用背脊来承接他。小和尚仓皇不已，以后的一段日子他都诚惶诚恐地等候着长老的发落。但长老并没有做什么，甚至压根儿没提及这件“天知地知你知我知”的事。小和尚从长老的沉默和宽容中获得启示，他收住了心再没有去翻墙，通过刻苦的修炼，成了寺院里的佼佼者，若干年后，成为这儿的住持。

还有一个类似的例子：

有位老师发现一名学生上课时不专心听讲，时常低着头在笔记本上画些什么。有一天他走过去拿起学生的笔记本，发现上面画满了自己的漫画，形象夸张怪诞。学生紧张极了，害怕老师责罚自己。但是老师没有发火，只是微微一笑，要学生以后多练习，画得更神似一些。从此那名学生上课时再没有画画而是开始专心听讲，利用课余时间学习绘画，后来他成为了颇有造诣的漫画家。

通过上面的例子，设想一下，除去其他因素，归集到一点：主人公后来有所作为，与当初长老、老师的宽容不无关系，可以说是宽容唤起了他们的自尊心，纠正了他们的人生之舵。

宽容不仅需要“海量”，更是一种修养促成的智慧，事实上只有那些胸襟开阔的人才会自然而然地运用宽容；反之，大发雷霆或是批评责罚倒是人们心中认为理所当然的事，可是这样的结果未必会让当事人真正反省，也不会有什么成效。因为人通常都会有逆反心理，即使自己做错了，在别人的指责下也会为了维护自尊心而硬着脖子说没错。

歌德说：“人不能孤立地生活，他需要社会。”良好的人际关系，不仅能给人生带来快乐，而且能助人走向成功。而宽容的品质则是建立良好人际关系的基石，在相互宽容谅解中求得共同的发展和进步是一种良好的愿望。一个人只有具备了宽容的品质，才会懂得理解和尊重他人，才会有爱人之心，有容人之量，成为识大体、顾大局的人。孔子说：“君子坦荡荡，小人长戚戚。”君子的风范就是能有容天下不平的肚量，能有一种宽阔的胸怀。理智地退却，大度地谦让，将会有一片广阔无垠的天地任你驰骋。宽容是人格的升华和洗练，宽容是一种美德和智慧，我们要学会宽容，这样才能轻松、快乐地生活。

素心小语

宽容的品质是建立良好人际关系的基石，在相互宽容谅解中求得共同的发展和进步是一种良好的愿望。一个人只有具备了宽容的品质，才会懂得理解和尊重他人，才会有爱人之心，有容人之量，成为识大体、顾大局的人。

2. 宽容是精神的成熟、心灵的丰盈

宽容是一种非凡的气度、宽广的胸怀，是对人对事的包容和接纳。宽容是一种高贵的品质、崇高的境界，是精神的成熟、心灵的丰盈。

南非的曼德拉，因为领导反对白人种族隔离政策而入狱，白人统治者把他关在荒凉的大西洋小岛罗本岛上27年。当时尽管曼德拉已经高龄，但是白人统治者依然像对待一般的年轻犯人一样虐待他。

但是，当1991年曼德拉出狱当选总统以后，他在总统就职典礼上的一个举动震惊了整个世界。

总统就职仪式开始了，曼德拉起身致辞欢迎来宾。他先介绍了来自世界各国的政要，然后他说，虽然他深感荣幸能接待这么多尊贵的客人，但他最高兴的是当初他被关在罗本岛监狱时，看守他的三名前狱方人员也能到场。他邀请他们站起身，以便他能介绍给大家。

曼德拉博大的胸襟和宽宏大量的精神，让南非那些残酷虐待了他27年的白人惭愧得无地自容，也让所有到场的人肃然起敬。看着年迈的曼德拉缓缓站起身来，恭敬地向三个曾关押他的看守致敬，在场的所有来宾都静下来了。

后来，曼德拉向朋友们解释说，自己年轻时性子很急，脾气暴躁，正是在狱中学会了控制情绪才活了下来。他的牢狱生活给了他时间与激励，使他学会了如何处理自己遭遇苦难的痛苦。他说，感恩与宽容经常是源自

痛苦与磨难的，必须以极大的毅力来训练。

他说起获释出狱当天的心情："当我走出囚室、迈过通往自由的监狱大门时，我已经清楚，自己若不能把悲痛与怨恨留在身后，那么我其实仍在狱中。"

我们之所以总是烦恼缠身，总是充满痛苦，总是怨天尤人，总是有那么多的不满和不如意，是不是因为我们缺少曼德拉的宽容和感恩呢？

记住曼德拉27年牢狱生活的总结：感恩与宽容经常是源自痛苦与磨难的，必须以极大的毅力来训练。

我们每个人都不可能独立走完自己的人生之路，只要别人的个性不直接伤害我们，为什么不多一点宽容？多一点对别人的宽容，我们的生命就多了一点空间。

素心小语

感恩与宽容经常是源自痛苦与磨难的，必须以极大的毅力来训练。只要别人的个性不直接伤害我们，不妨对别人多一些宽容。

3. 学会换位思考，问题解决起来就很容易

在现实生活中，有些人常为一些鸡毛蒜皮的小事争得面红耳赤，谁都不肯甘拜下风，以致大打出手，造成很坏的后果，不好收拾。事后静下心来想想，当时若能忍让三分，自会风平浪静，相安无事，小事化无。事实上，有理的人越是表现得谦让，越能显示出他们胸襟坦荡，富有修养，反而更能让他人钦佩。

我国汉朝时有一位叫刘宽的人，为人宽厚仁慈。他在南阳当太守时，小吏、老百姓做错了事，他只是让差役用蒲鞭责打，表示羞辱，此举深得人心。

刘宽的夫人为了试探他是否像人们所说的那样仁厚，便让婢女在他和属下集体办公的时候捧出肉汤，装作不小心的样子把肉汤泼在他的官服上。要是一般的人，必定会把婢女责打一顿，即使不如此，至少也要怒斥一番。而刘宽不仅没发脾气，反而问婢女："肉汤有没有烫着你的手？"由此足见刘宽为人宽容之度量确实超乎一般人。

还有一次，有人曾经错认了他驾车的牛，硬说为刘宽驾车的牛是他的。这事要是换了别人，不将那人拿到官府去治罪，也要狠揍他一顿不可，可刘宽什么也没说，叫车夫把牛解下给那人，自己步行回家。后来，那人找到了自己的牛，便把牛还给刘宽，并向刘宽赔礼道歉，而刘宽非但没责备那人，反而好言安慰了他一番。

这就是有理让三分的做法。刘宽的度量可谓不小，他感化了人心，也赢得了人心。

人人都有自尊心和好胜心，在生活中，对一些非原则性的问题，我们为什么不显示出自己比他人更有容人的雅量呢？

俗话说，金无足赤，人无完人，每个人都会偶有过失，因此每个人都有需要别人原谅的时候。但是，人们对待自己的过错往往不如看待他人的那样严重。这大概是因为我们对自己犯错的背景了解得很清楚，而对于他人的过错造成的原因却不太清楚，因此对于自己的过错就比较容易原谅，而常把注意力集中在人家的过错上。即使有时不得不正视自己的错误，也总觉得是可以宽恕的。可见，无论我们自己是好是坏，我们总是能够容忍自己。

然而，轮到我们评判他人的时候，情形就不一样了。我们用另外一副眼光百般挑剔地去发现他人的不对。例如：假使我们发现他人说谎，我们将会严厉地谴责对方的不诚实，可是谁又敢保证自己从来都没说过一次谎呢？

有些人一旦陷入争斗的旋涡，便不由自主地焦躁起来，不仅是为了面子，有时也是为了利益，因此一旦自己得了“理”，便不肯饶人，非逼得对方承认错误不可。然而“得理不饶人”虽让你吹响了胜利的号角，但这也同时埋下了再一次争斗的种子。因为这对“战败”的对方也是一种面子和利益之争，他当然要伺机“讨”还。

在这种时候，我们为什么就不能像刘宽那样，即使自己有理也让别人三分呢？其实，有些时候给他人留个台阶下，也是为自己留了一条后路。

的确，在与他人相处的过程中，人们常常会因为对事物的理解不一，个性、爱好、脾气、要求不同，以及价值观念的差异而产生矛盾或冲突，此时我们应记住一位哲人的话："航行中有一条规律可循，操纵灵敏的船应该给不太灵敏的船让道。"其实，在生活中也应遵循这条规律。

因此，做一个肯理解、容纳他人优点和缺点的人，才会受到他人的欢迎。相反，那些对人吹毛求疵，没完没了地又是批评又是说教的人，是不会拥有亲密的朋友的，也不会受到更多人的拥戴。

谦让宽容是一种修养，一种气度，一种德行，更是一种处世的学问。如果我们都具有了这种宽容忍让的心态，我们与他人之间的关系就会变得更加和谐与美好。

人与人之间随时都会发生预料不到的各种摩擦，没有遇到时应该尽量避免发生，一旦发生了，即使不能回避矛盾也不能把矛盾扩大，而应该积极主动地解决矛盾，使大事化小，小事化了。遇到麻烦，能够化干戈为玉帛是最高的境界，即便不能达到这个程度，也不能斤斤计较，把人往死胡同里挤对。没事不找事，有事不躲事，解决事才是为人之道。总之，如果发生矛盾的双方都宽宏大量一些，学会换位思考，问题解决起来就很容易，这样一来，我们的人际关系也就融洽许多，社会也就和谐许多。

素心小语

做一个肯理解、容纳他人优点和缺点的人，才会受到他人的欢迎。相反，那些对人吹毛求疵，没完没了地又是批评又是说教的人，是不会拥有亲密的朋友的，也不会受到更多人的拥戴。

4. 适当地妥协和让步，以化解不必要的矛盾

山不转水转，水不转路转。有时举手之劳可使一个人渡过难关，有时一份宽容换来的可能是一世的福分。记得曾看过这样一篇禅的故事。

某君博学多才，是乡里有名的绅士。

一日，他赶着去参加一个诗会，急匆匆地就出门了。去那个诗会有一座必经的独木桥。刚好这天逢集，来赶集的人也要从这座独木桥上经过。

刚到独木桥边，见有一老婆婆正从对面上桥，他一想自己是绅士，不能没风度地叫老婆婆让他先过，于是就礼貌地让老婆婆先过桥，老婆婆过来以后他还很绅士地向她微微一笑，老婆婆夸他真不愧是大家公认的绅士，他心里美滋滋的。

见老婆婆过了桥他又准备过桥了，恰巧这时他看到有一个孕妇已经在那头上了桥，尽管心里有些不乐意，但还是很礼貌地让孕妇先过了，孕妇过桥以后也夸赞他有风度，他也是对那孕妇报之一笑，以示风度。他看了看日头，时间是迫在眉睫了，于是低着头就直往桥上冲。

走到桥的一半，却与迎面而来的樵夫撞了个满怀，他有些生气了，但为了保持他的绅士风度，还是强忍着怒火，礼貌地对那樵夫说："请让我先过去吧。"樵夫不乐意地回答："你没看见我这肩膀上扛着很重的柴吗，为什么你不让我先过呢？"绅士也急了："你这个没文化的粗人！赶快让我过去！我要赶着去参加诗会！"樵夫并没有要让他过去的意思："就你的时间要紧啊，你不知道今天是赶集吗？要是去迟了，我这担柴还

卖给谁，我一家老小吃什么？你以为像你们这些自视清高的文人，写诗做文章就有饭吃了吗？”

二人就这样喋喋不休地吵了个没完。绅士一看参加诗会的时间早过了，索性也就赖在桥上了，樵夫知道就算此时过桥，那买柴的人也早走了，心想，你赖在这里我也不会让你，任凭后面赶着要过桥的人怎么劝说，他们就是不让，就这样僵持着，偶尔争吵几句。

这时，桥下飘来一叶小舟，小舟上坐着一位神态悠然的老和尚，绅士赶紧叫住了那和尚：“师父，请慢行，您来给我们评评理。”和尚问是怎么回事，樵夫和绅士都理直气壮地把事情的经过说了一遍，老和尚向樵夫问道：“你这担柴能卖多少钱？”“如果去得早，能顺利地全卖完的话可卖10文。”樵夫回答。老和尚哦了一声继续问道：“那现在若是让你先过桥，你这担柴禾还能卖完吗？”樵夫听他这么一问更来气了：“被他（绅士）这么一挡，市集早散了，我还卖给谁？”这时老和尚不慌不忙地说：“既然如此，你为什么一开始不让这位绅士先过桥呢，这样一来，他可以按时去参加诗会，而你也可以顺利地把柴卖完了。”樵夫被问住了，无言以对地低下了头。

绅士见樵夫被问住了，心中暗喜，以为老和尚是帮着他说话的，还没乐完，老和尚又开口问他了：“你的诗会很重要是吗？”“当然，对于我们这些读书人来说，诗会是非常重要的，况且今天的诗会我是主角！”绅士得意地说道。老和尚“哦”了一声继续问道：“既然它对你那么重要，你为什么不让这位樵夫大哥先过去，这样你便可以在诗会上大展拳脚了，更何况谦让应该是你们这些读书人必备的品行吧？”绅士没想到老和尚会这样说他，有些急了：“可是在这个樵夫之前我已经让了两个人了，凭什么还要我让他！”老和尚笑笑，说道：“既然你开始都让了两个人了，那么你就不能再多让一个人吗？”这下绅士被彻底问住了，顿时脸红了，他没有再反驳一句。

老和尚最后给他们留了一句话就飘然而去。

“年轻人哪，给别人让路的同时也是在给自己让路啊。”

在社会生活中，人们的习惯各异，脾气秉性不同，难免会发生误会和矛盾，只要不是原则性的问题，不妨多一点宽容，不妨主动谦让，做出适当的妥协和让步，以化解不必要的矛盾。谦让是中华民族的传统美德，谦让是一个人有涵养的表现，是对其他社会成员的尊重和宽容，这并非意味着软弱可欺，更不是妄自菲薄。在社会生活中我们应学会谦让，可以妥善地处理与他人的矛盾和冲突。给别人让路也是在给自己让路，与人方便，自己方便。在生活中放宽心态，多一分宽容，少一点狭隘，谦让一些，既能显出自己的风度，又能减少很多不必要的麻烦。

素心小语

给别人让路也是在给自己让路，与人方便，自己方便。退一步海阔天空，让一让风平浪静。在生活中放宽心态，多一分宽容，少一点狭隘，谦让一些，既能显出自己的风度，又能减少很多不必要的麻烦。

5. 领导用人，不可受个人恩怨左右

人们常说："将军头上能跑马，宰相肚里可撑船。"一个人的气度可以决定他做事的风格，领导者的气度决定他用人的风格。我们在工作和生活中，要不断地和人打交道，不论是朋友还是同事，或者是客户和竞争对手，每个人都有着自己的个性、爱好和生活方式，生长环境不同，受的教育程度不同，生活习惯也不相同，不可能所有人都是同一个节拍，也不可能都随顺我们的心意。如果因为看不惯哪个人，就与他断绝一切来往，那我们用不了多久就会变成孤家寡人了。

领导者用人更是如此，你有容人之量，别人才会与你共同进退。

春秋时期齐国国君齐襄公被杀。襄公有两个兄弟，一个叫公子纠，当时在鲁国；一个叫公子小白，当时在莒国。两个人身边都有个师傅，公子纠的师傅叫管仲，公子小白的师傅叫鲍叔牙。两个公子听到齐襄公被杀的消息，都急着要回齐国争夺君位。在公子小白回齐国的路上，管仲早就布好人马拦截他。管仲拉弓搭箭，对准小白射去。只见小白大叫一声，倒在车里。

管仲以为小白已经死了，就不慌不忙护送公子纠回到齐国去。怎知公子小白是诈死，等到公子纠和管仲进入齐国国境，小白和鲍叔牙早已抄小道抢先回到了国都临淄，小白当上了齐国国君，即齐桓公。

齐桓公即位以后，即发令要杀公子纠，并把管仲送回齐国办罪。

素心小语——如果心不净，怎么过都是烦

管仲被关在囚车里送到齐国。鲍叔牙立即向齐桓公推荐管仲。

齐桓公气愤地说："管仲拿箭射我，想要我的命，我还能用他吗？"

鲍叔牙说："那时他是公子纠的师傅，他用箭射您，正是他对公子纠的忠心。论本领，他比我强得多。主公如果要干一番大事业，管仲可是个用得着的人。"

齐桓公也是个豁达大度的人，听了鲍叔牙的话，不但不办管仲的罪，还立刻任命他为相，让他管理国政。

管仲帮着齐桓公整顿内政，开发富源，大开铁矿，多制农具，后来齐国就越来越富强了。

领导用人需要雅量，因为你用人的时候，不是看谁跟你有过节，谁跟你关系最好，而是看谁最有能力，谁才是你最需要的人才。古有齐桓公用管仲，李世民用魏征，这些优秀的领导者大胆起用"仇人"，结果"仇人"帮他们缔造了盛世江山。

人与人相处，都难免有冲撞、过节、恩怨，最重要的是忘记过去，不计前嫌。如果老板与下属闹了点别扭，就寻机报仇，给下属小鞋穿，要好好收拾下属，这种做法不是在给下属难堪，而是在给他自己制造麻烦。打击了下属，最终受伤害的还不是公司？

一个企业领导者，能做到像齐桓公那样不计个人恩怨，是企业发展的又一个契机。

你打我一拳，我必定想方设法踩你两脚，但是，踩过之后呢，对你有什么好处？

曹操和周瑜都是三国时期才华横溢的人物，然而两人的度量大相径庭。曹操虽然奸诈凶狠，却有政治家的胸怀，门下广纳贤士，而周瑜嫉贤妒能，谁都容纳不下，最后被活活气死。

周瑜是个将才，可是他空有大将之才却无大将之雅量，虽然才智超群，然而，嫉妒心极重，容不得超过自己的人。他对诸葛亮一直耿耿于怀，几次欲害之，均不得逞。赤壁之战，周瑜损兵马，费钱粮，却叫诸葛亮得了个现成。后来，周瑜用美人计，骗刘备去东吴成亲，被诸葛亮将计就计，最后是“赔了夫人又折兵”。最后，周瑜用“假途灭虢”之计，谋取荆州，又被诸葛亮识破，四路兵马围攻周瑜，诸葛亮写信规劝他，周瑜仰天长叹：“既生瑜，何生亮！”

不走极端，有气度，可以使自己赢得别人的信任，也可以使自己不受一时得失的影响，保持对人对事正确的判断。

素心小语

人与人相处，都难免有冲撞、过节、恩怨，最重要的是忘记过去，不计前嫌。如果老板与下属闹了点别扭，就寻机报仇，给下属小鞋穿，要好好收拾下属，这种做法不是在给下属难堪，而是在给他自己制造麻烦。

6. 记住别人的恩惠，洗去我们的怨恨

人生的痛苦大多是因为抱着过去的过错不放，自怜的习性使人一遍遍地回顾曾经的痛苦经历，一次次重拾当时的感觉，仇恨在心底越积越多，从而排斥幸福和快乐，只有放下仇恨，心灵才能获得自由、平和、快乐。

释迦牟尼当初在山里修行练功，当时国王率领众人来狩猎，见到释迦牟尼，就问他哪个地方有野兽。释迦牟尼很为难：如果照实告诉他，那么就杀了野兽，佛祖心中不忍；不实话实说，又是说谎，佛祖也不愿意。他于是沉默不语，国王砍掉了他一只手臂。再问，还是没回答，又砍掉了他另一只手臂。他并不发怒，只是起誓说："等我成佛后，一定要先将此人超度，不许天下人仿效他做坏事。"他既然有了这种心思，怎么变不成佛呢？

反之，若心胸狭窄，对各种非原则性的事过于计较，甚至睚眦必报，则往往得不偿失，这是因为对仇人的报复心理使你内心维持着一腔愤怒和狭隘。医学上认为，长期性的说些愤怒不止的话，高血压和心脏病就会如影随来，伴你度过痛苦的一生。你内心的怒气充满心间，报复充溢四肢，内心和四肢也便缺乏对理想的执着与追求，事业成功将会遥遥无期。

"二战"期间，德国纳粹的集中营中不仅关押着许多犹太人，而且还有很多从前线押送过来的战俘。纳粹对这些战俘的虐待丝毫不逊于对待犹太人。许多战俘被折磨致死。战争结束后，那些幸存的战俘每年都会相约

到曾经被关押的地方去悼念死去的战友，祈祷世界和平。詹姆士就是其中之一。

后来詹姆士曾在他的日记里写有这样一段关于他和难友的对话：

我和他曾被关押在同一监室里，我们受尽了魔鬼的折磨。他和我一样，充满了对邪恶的憎恨和对和平的渴望。今天是我们获得自由的20周年纪念，我们再次来到这个邪恶的地方。我轻轻地问他：“你已原谅那群残暴的家伙了吗？”

“是的！我早已原谅他们了。”

“我可是一点都没有原谅他们，我恨透他们了，这些坏蛋害得我家破人亡，至今想起仍让我咬牙切齿！恨不得将他们千刀万剐！”

难友听了之后，静静地应道：“若是这样，那他们还在监禁你。”

我有些错愕。

他补充道：“我们是需要记住这段罪恶的历史，但是我们已经不需要仇恨了。”

关于“二战”的记忆，是所有经历过的人的梦魇，正如詹姆士和他的朋友一样。但是战争已经结束，我们该做点什么呢？仍然像詹姆士那样活在仇恨的记忆中吗？确实，战争带给了我们太多的伤痛，我们永远也无法抚平战争的创伤。我们不应该忘记过去的战争，因为忘记历史等于背叛，但是我们却应该抛弃仇恨，因为未来的和平需要我们达成和解。

记住仇恨又能给我们带来什么呢？正如詹姆士的朋友所说的，敌人监禁你的身体，你却禁锢自己的心灵；与其愤恨不平，为难自己，不如包容他人，解放自己。忘记历史等于背叛；放下仇恨就是和平。

阿拉伯著名作家阿里，有一次和吉伯、马沙两位朋友一起旅行。行经一处山谷时，马沙失足滑落，幸而吉伯拼命拉他，才将他救起。马沙于是在附近的大石头上刻下了：“某年某月某日，吉伯救了马沙一命。”他们继续走了几天，来到一处河边，吉伯与马沙为了一件小事吵起来，吉伯一气之下打了马沙一耳光。马沙跑到沙滩上写下：“某年某月某日，吉伯打了马沙一耳光。”

当他们旅游回来之后，阿里好奇地问马沙：“为什么要把吉伯救你的事刻在石上，却将吉伯打你的事写在沙上？”马沙回答：“我永远都感激吉伯救我，至于他打我的事，我会随着沙滩上字迹的消失，而忘得一干二净。”

记住别人对我们的恩惠，洗去我们对别人的怨恨，在人生的旅程中才能自由翱翔。

在心理咨询实验中，所有被施暴的人，无论是性骚扰或暴力侵害，在治疗的历程中，宽恕是必然的过程。有一位遭受性骚扰的女孩儿，她的憎恨迟迟不能消去， 当然她的抑郁也不能消失。直到有一天，她领悟到宽恕的内蕴时，她说：“伤害我的人是我的亲人，我不能报复，即使报复了又能怎样呢？我背负着痛苦的记忆已经很久了，还是宽恕他好。”如此她的病情才有起色。

当一个人能宽恕别人的时候，压力才能得以缓解，恢复心理平衡。你是要放在心中继续计较而折磨自己呢，抑或放下过去，洗净它的污染，重新创造新的生活？宽恕对于受害者而言，固然有一种平白损失的感觉，但是一直处在愤怒之中，却使一个人难以重新振作。当然，你可以化悲愤为力量，去报复对方，但绝对不如化悲愤为力量，在宽恕中开拓美好的未来。

最高境界的包容，是包容那些曾经伤害过我们的人。这不是一件容易的事，但是如果我们这样做了，就会从中体验到我们的富有和强大。而当一个人能够包容别人时，也必定能够包容他自己。因为当他对自己充满自信之后，他无须去防御别人。他敢于正视自己的缺点，对一生中所遭受的不可避免的冲突和挫折具有必要的忍耐力。他能够积极地参加丰富多彩的活动，从中克服自己的弱点，使自己不断趋于完善。他也不害怕犯错误，因为他了解错误的潜在价值。每当出现错误时，他不会出现一般人的感叹：真是的，又错了。而是会说：看这个，它能使我想到什么？然后他会利用这个错误当作垫脚石，来寻找解决问题的新途径。

宽恕是心灵成长的重要动力。宽恕能治疗一切愤恨，重建人与人之间和谐的态度。不肯宽恕的人大多是自以为聪明的人，但从长远来看，他们并不聪明。

素心小语

记住仇恨能给我们带来什么呢？敌人监禁你的身体，你却禁锢自己的心灵；与其愤恨不平，为难自己，不如包容他人，解放自己。

7. 能容下多少人，就能赢得多少人的尊重和喜爱

面对他人的诽谤误解，智者不会去理论争辩，他们明白“一忍可以制百辱，一静可以制百动”的道理。也就是说用博大的心胸去容纳这一切，让时间来证明他们的清白。

日本的白隐禅师，道行高深，负有盛名，他的故事流传得很多，其中最有名的是这样一个：白隐居住的禅寺附近有一户人家的女孩怀孕了，女孩的母亲大为愤怒，一定要找出“肇事者”。女孩用手朝寺庙指了指，说：“是白隐的。”女孩的母亲跑到禅寺找到白隐，又哭又闹，白隐明白了是怎么回事后，没有做任何辩解，只是淡然地说：“是这样的吗？”孩子生下来后，女孩的母亲又当着寺庙所有僧人的面把他送给白隐，要他抚养。白隐把婴儿接过来，小心地抱到自己的内室，安排人悉心喂养。多年以后，女孩受不住良心的折磨，向外界道出了事情的真相，并亲自到白隐的面前赎罪。白隐面色平静，仍是淡然地说了句：“就这样吗？”

轻轻说出的这几个字，包含着多少的威力和内涵！面对诋毁和陷阱，有的人抗争，有的人处之泰然，更有的人不闻不问，依然故我，一副闲云野鹤之态。世事冗杂繁复，不虞之事甚多，很多人学会了明哲保身，小心从事。这就是所谓的鱼的哲学：水底的鱼儿，危机四伏，一方面要巧妙地躲避大鱼的侵袭，一方面又要偷闲自由自在地游弋。能做到这一点就是一条明智的鱼，一条能长大的鱼。

白隐不做那条鱼，他宁做海底的礁石，固守住心中的炽热和坚硬，让时间来考验，让沙浪去淘洗，等到所有的水退去，露出的才是自己的本色。

在生活中，我们也难免会碰到一些蛮不讲理的人，甚至是心存恶意的人，有时还会无缘无故地遭到这种人的欺侮和辱骂。每当遇到这样的事，常让人觉得忍无可忍。可是，不忍就会正好成了对方的出气筒，也给自己带来不必要的麻烦。

在公共汽车上一个男青年往地上吐了一口痰，被乘务员看到了，对他说："同志，为了保持车内的清洁卫生，请不要随地吐痰。"没想到那男青年听后不仅没有道歉，反而破口大骂，说出一些不堪入耳的脏话，然后又狠狠地向地上连吐了三口痰。

那位乘务员是个年轻的姑娘，此时气得面色涨红，眼泪在眼圈里直转。车上的乘客议论纷纷，有为乘务员抱不平的，有帮着那个男青年起哄的，也有挤过来看热闹的。大家都关心事态如何发展，有人悄悄说快告诉司机把车开到公安局去，免得一会儿在车上打起来。

没想到那位女乘务员定了定神，平静地看了看那位男青年，对大伙说："没什么事，请大家回座位坐好，以免摔倒。"一面说，一面从衣袋里拿出手纸，弯腰将地上的痰迹擦掉，扔到了垃圾桶里，然后若无其事地继续卖票，看到这个举动，大家愣住了。车上鸦雀无声，那位男青年的舌头突然短了半截，脸上也不自然起来，车到站没有停稳，就急忙跳下车，刚走了两步，又跑了回来，对乘务员喊了一声："大姐！我服你了。"车上的人都笑了，七嘴八舌地夸奖这位乘务员不简单，真能忍，虽然骂不还口，却将那个浑小子制服了。

素心小语——如果心不净，怎么过都是烦

这位女乘务员的确很有水平。她面对辱骂，如果忍不住与那位男青年争辩，只能扩大事态；与之对骂，又损害了自己的形象；默不作声，又显得太沉闷了。她请大家回座位坐好，既对大伙儿表示了关心，又淡化了眼前这件事，缓解了紧张的气氛；她弯腰若无其事地将痰迹擦掉，此时无声胜有声，比任何语言表达的道理都有说服力，不仅感动了那位男青年，也教育了大家。

从社会生活实践来看，胸怀宽广确实是生活中不可缺少的素质。做人要胸襟宽广，这不仅是一种魅力，更是取得成功的一种要素。一个人的胸怀能容下多少人，就能赢得多少人的尊重和喜爱。智者总会用宽容这把智慧之剑去斩断冤冤相报这扯不完的长线，用宏大的胸怀去感受那一笑泯恩仇的快乐。

素心小语

在生活中，我们难免会碰到一些蛮不讲理的人，甚至是心存恶意的人，有时还会无缘无故地遭到这种人的欺侮和辱骂。每当遇到这样的事，常让人觉得忍无可忍。可是，不忍就会正好成了对方的出气筒，也给自己带来不必要的麻烦。

8. 心胸狭窄的人才喜欢批评、指责和抱怨别人

生活中，我们应当尽力避免批评别人，批评只会引起愤恨。如果别人确实做错了事，或伤害了你，你也应该大度一点，用理解和宽恕代替批评、指责，这样做不但可以使犯错者改过，更重要的是可以维持和谐的人际关系。

汉斯·希尔是一位著名的心理学家，他说："太多的证据显示，我们都不喜欢受人指责。"

许多事实证明：因批评引起的愤恨，常常会使员工、家人和朋友情绪低落、做事没有精神。而对于应该改进的状况，却一点作用也不起。

人类处世的天性，就是做错事时只愿意责备别人，绝不责备自己。我们都是如此。我们要明白批评好像是家鸽，最后总会回家。我们需明了，我们要矫正及谴责的人都会为自己辩护，并反过来谴责我们。所以，今后当你我要批评别人的时候，让我们记住这些发人深省的例子。

林肯精于与人相处的诀窍是什么呢？林肯喜欢批评人吗？是的。他住在印第安纳州湾谷的时候，年纪尚轻，不仅喜欢评论是非，还写文章讽刺别人。但有件事改变了林肯的做法。

1842年秋天，他又写文章猛烈抨击一位自视甚高的政客詹姆士·希尔斯。他在报上发表了一封匿名信嘲弄希尔斯，结果希尔斯被全镇引为笑料。自负而敏感的希尔斯当然愤怒不已，终于查出写信的人就是林肯。

他下战书要求决斗，林肯本不喜欢决斗，但迫于情势和为了维持自己的声誉，只好接受挑战，准备一决生死。庆幸的是在最后一刻有人劝阻了他们，才避免了流血事件的发生。

这是林肯终生最惊心动魄的一件事，它让林肯是如此刻骨铭心地懂得了如何与人相处的艺术。从此以后，他不再写信抨击人，也不再任意嘲弄人了。也正是从那时起，他几乎再也没有为任何事批评过任何人。

南北战争的时候，林肯任命的将领——马科科兰、博普、伯恩赛德、胡克和米地相继惨败，几乎使林肯陷入绝境。全国有半数以上的人无情地指责林肯用人不当，但林肯“毫不怨天尤人，宽容地保持缄默”。他最喜欢的一句名言是：“不要评论人，免得被人所评论。”

当时连林肯夫人都极力谴责南方人，林肯却对她说：“不用责怪他们，这样的情况换我们也会如此。”

宽容能帮助人们减少仇恨、暴力和偏执，同时还能让我们以善良、尊重和理解来对待别人；宽容能使我们认识到所有的人都值得受到热爱、公平和尊重的对待。

白朗宁曾说：“当一个人的交战起自他本身时，他已不是个平常人了。”从纯粹自私的立场说，调整及改正自己，要比改进别人容易且危险要少得多。

可恩年轻时，总喜欢给别人留下深刻的印象，所以写了一封可笑的信给已在美国文坛崭露头角的德维思，请他谈谈他的工作方式。可恩在给德维思的信后加了这么一个附注：“此信乃口授，并未过目。”这是他刚从别人的来信中学来的一招，他觉得这可以显示一个人既忙碌又具重要性。实际上，他当时一点也不忙，只是想给德维思留下较深刻的印象。

德维思根本不屑于费心思写信给可恩，只是把原信退回来，在信后潦草地写了一行字：“你恶劣的风格，无以复加。”确实，可恩是弄巧成拙了，这样的指责并没有错。但是，人性使然，可恩恼羞成怒，甚至十年后他获悉德维思过世的消息时，第一个念头仍然是——他实在羞于承认他自己所受到的伤害。

假如你要激起一种反抗，使人痛恨数年甚至至死难忘，你可以只求一时的痛快，只不过发表一些尖酸刻薄的批评就能轻易地实现。

批评的确是一种危险的导火索，一种能使自尊的火药库瞬间发生爆炸的导火索，这种爆炸有时足以置人于死地。英国著名小说家托马斯·哈代曾因受到尖锐的批评而放弃写作，另一位英国诗人托马斯·查特敦年轻的时候并不世故，但后来却变得富有外交手腕，善于处世，因而成了美国驻法大使。他的成功秘诀是：“我不批评人，我只夸奖人。”

只有不够聪明、心胸狭窄的人才喜欢批评、指责和抱怨别人。的确，很多愚蠢的人都会这么做。当然，善解人意和宽恕他人，需要有修养自制的功夫。

鲍勃·胡佛是个著名的试飞驾驶员，时常表演空中特技。一次，他从圣地亚哥表演完后，准备飞回洛杉矶。在三百英尺高的地方时，刚好两个引擎同时出现故障。幸亏他反应灵敏，控制得当，飞机才得以降落。虽然无人伤亡，但飞机却已几近报废。胡佛在惊魂稍定后，第一个工作是检查飞机用油。果然不出所料，那架第二次世界大战的螺旋桨飞机，装的是另一种型号的飞机用油。回到机场，胡佛要求见那位负责维护的机械工。懊恼不已的年轻机械工，一见到胡佛便泪流满面。他的粗心大意不但毁了一架昂贵的飞机，还差点造成三人死亡。你可以想象胡佛当时的愤怒。这位自负、严格的飞行员，显然可以对不慎的修护工作大发雷霆，痛责一番。可是，胡佛并没有责备那个机械工人，只是伸出手臂，围住工人的肩膀说："我相信你不会再犯错，我的F-51飞机明天还请你维护。"

托马斯·克莱尔曾说："伟人是从对待小人物的态度中显示其伟大的。"由于机械工的失误，胡佛差点丧命，胡佛有权利向失职的机械工吼叫、斥责，但豁达大度的胡佛却宽恕了他的错误，可以想见年轻的机械工必定对胡佛佩服得五体投地，日后工作起来也会更加认真。

我们必须明白，当我们和他人相处时，面对的不仅仅是真理，更多的是要考虑他人的情感。因此对待他人的失误我们一定要多宽容、少批评。在必须批评别人时也要讲究策略，尽量委婉批评，免得伤及对方的自尊心。在人的一生当中，谁都会有犯错误、办错事的时候。当人们做了错事、做了对不起别人的事的时候，总是渴望得到别人的谅解，总是希望别人把这段不愉快的往事忘掉。因此，如果遇到别人有对不起自己的言行时就应该设身处地，将心比心地来理解和宽容别人。一个人若想成就一番大事，在人际交往中，就不要太计较个人的得与失。而应该把目光放得长远些，做到眼光高远、胸襟博大、克己忍让、宽容待人。

素心小语

批评是一种危险的导火索，一种能使自尊的火药库瞬间发生爆炸的导火索，这种爆炸有时足以置人于死地。

第6辑

点燃希望，笑对挫折
——存一颗坚忍心

坚忍是一种不论身处顺境还是逆境，也不管面对尘世的浮华或人间的痛苦，都能保持平静的心态而坚持正信和恪守正道的美德。拥有坚忍品格的人，从空间上说，他面对突如其来的重重一击从不失态；从时间上说，他能长久地经受困难的挤压，并击倒困难。他在风云变幻的危急时刻从不惊慌失措，因为他知道胜利的产生总是来自与困难的抗争。一个具有坚忍品格的人，会永远含着微笑，从容迎接生命旅程中的风风雨雨。

1. 往好处想，才能找到光明的路

人生在世，虽然只有短短几十年，却要经历各种好事、坏事，尝遍酸甜苦辣。生活是美好而沉重的，人生是有苦又有乐的，是丰富多彩又艰难曲折的，就像白天与黑夜的相互交替一般。快乐时“春风得意马蹄疾，一日看尽长安花”，快乐的人连路边的鸟儿都在为他歌唱，花儿都似专为他开放。痛苦时，西风落日，万念俱灰，睡梦中也在滴泪。

曾经有两个囚犯，从狱中望窗外，一个看到的是满目泥土，一个看到的是万点星光。面对同样的遭遇，前者心中悲苦，看到的自然是满目苍凉、了无生气，而后者心往好处想，看到的自然是星光满天，一片光明。

人生的道路虽然不同，但命运对每个人都是公平的。窗外有土也有星，有快乐也有痛苦，就看我们能不能咬定青山不放松，心往好处想。西方哲学家蓝姆·达斯讲过这样一个故事：

一个病人膏肓、仅剩数周生命的妇人，整天思考死亡的恐怖，心情坏到了极点。蓝姆·达斯去安慰她说：“你是不是可以不要花那么多时间去想死，而把这些时间用来考虑如何快乐地度过剩下的时间呢？”

他刚对妇人说时，妇人显得十分恼火，但当她看到蓝姆·达斯眼中的真诚时，便慢慢地领悟了。“说得对，我一直都在想着怎么死，完全忘了该怎么活了。”她略显高兴地说。

一个星期之后，那妇人还是去世了。她在死前充满感激地对蓝姆·达斯说：“这一个星期，我活得比前一阵子幸福多了。”

“苦乐无二境，迷悟非两心。”妇人学会了往好处想，所以便能在离开人世前仍感到一丝幸福，快乐地合上双眼；如果她仍像以前一样，一味想死，那她只能是痛苦地离开人世。

人总是避苦求乐的，都希望快乐度过每一天，但生活本身就充满了酸甜苦辣，快乐和痛苦本是同根生。当我们快乐时，不妨留一片空间，以接纳苦难；当我们痛苦时，不妨想想往昔的快乐。

往好处想，才能帮我们冲破环境的黑暗，找到光明的出路，才能获得更多更大的人生乐趣。在困顿、苦难面前，一味哭丧着脸，除了磨掉自己的锐气外，是不会赚到任何同情的眼泪的。颤抖于寒冷中的人，最能感受到太阳的温暖；从痛苦的环境中摆脱出来，会深深感觉到这个世界的美好。就像火车过隧道，即使在黑暗中，也要看到前方的光明。

素心小语

人总是避苦求乐的，都希望快乐度过每一天，但生活本身就充满了酸甜苦辣，快乐和痛苦本是同根生。当我们快乐时，不妨留一片空间，以接纳苦难；当我们痛苦时，不妨想想往昔的快乐。

2. 所谓失败，仅仅是内心所产生的绝望感而已

有一位医学博士，他经过201次实验研制了一种新型的疫苗，结束了该疾病对人类的肆意蹂躏。有一次人们问他：“你取得了如此卓越的成就，彻底结束了这种疾病对人类的肆虐，取得这样的成就后，你是怎么看待先前的200次失败的呢？”

博士这样回答：“我这一生中从来没有经历过200次失败。我的字典里没有‘失败’这个词。前200次尝试增加了我的经验，让我学到很多东西，实际上是我做了201次实验。没有前200次实验，我不可能得到这样的结果。”

在前进的路上，我们可能会做错，可能走了弯路，可能离原来的目标更远了，但是，这一切都是宝贵的体验和收获，是那位医学博士所谓的“200次实验”之一。如果我们愿意进一步地尝试和努力，那么原来的错误就是我们前进的阶梯。但是，如果我们在挫折之后对自己的能力或“命运”产生了怀疑，产生了失败情绪，想放弃努力，那么我们就已经失败了。还曾有一个心理学的实验，在这个实验中，有一群狗在一个很简单的任务上都失败了。那么狗的“字典”上是怎么出现“失败”这个词的呢？

实验中，有一个很大的箱子，底儿是铁做的。箱子中间有一道铁栅栏，把箱子分为两边。把狗放进笼子的一边，在箱子底上通电，狗就受到

电击，感觉到尖锐急剧的刺痛。一些狗受到电击后，会很快地跳到箱子的另外一边去，从而躲避了电击。在另一边受到电击时，这些狗又会很轻松地跳回来。这个任务是很简单的，随着通电位置的变化，狗就在这个箱子中间跳来跳去，穿梭跳动以躲避电击。因此这个箱子也被形象地称为“穿梭箱”。

但是，有另外一群狗，它们在“穿梭箱”中受到电击时，不做任何跳跃和挣扎的动作，只会浑身发抖，低声哀鸣，一副失败者的可怜样。为什么这些狗会表现出这种任人宰割的惨相呢？原来，心理学家在把这些狗装进“穿梭箱”前，对它们进行了如下的操作：把这些狗拴在一个铁柱子上，时不时地用电刺激它们，狗受到电击后会挣扎、跳跃、咆哮，但是无论它们怎么挣扎，都摆脱不了电击的折磨，经过几天数十次的电击和无效的挣扎后，这些狗都放弃了努力，在受到电击时，只是趴在地上，瑟瑟发抖，低声哀鸣，再也不挣扎了。这时，再把这些狗放进“穿梭箱”中，对这种轻轻一跃就能摆脱的电击刺痛，它们也无力摆脱。失败的狗挣不脱柱子，就以为跳不过栅栏。

另外一个类似的现象是：动物界的大力士大象，在经过人的驯化后，用一根麻绳拴在一个很细的撑杆上也不会挣脱。为什么呢？原来在训练的过程中，驯象员先是用铁链把大象拴在牢固的铁柱子上，野性未驯的大象最初会拼命挣扎，但是怎么挣扎也没有用。

这时，驯象员在一边又对它们进行温柔地服侍和教化，最后大象放弃了挣扎，并学会了为人服务的杂耍。可以说，尽管大象在一些马戏杂耍上取得了令人叫绝的成功，但是它们对被绳子拴在一根柱子上不能挣脱这一“事实”或“命运”认输了，它们在试图摆脱束缚这一点上自认失败了。

素心小语——如果心不净，怎么过都是烦

人当然比动物聪明，把人囚禁在一个地方的时候，不管原来有多少次失败的经验，他们总会想逃脱并且会不断想出办法。但是，在某些场合下，人是否也同样会像上述的狗或大象一样自认“失败”的命运呢？

挖井的人，在预计到水的深度时，再往下挖一锹，如果仍然见不到水，对他就是一个打击。经过成百数千次这样的打击后，他就会自认倒霉，就会认为自己选错了地方，看走了眼，便到别的地方去了。另外一个人在前一人放弃的地方，可能往下仅挖几尺就喝上了甘甜的井水；满心希望讨老师喜欢的差生，由于经常受到老师的责骂，由于自己基础差，不管怎样努力也得不到老师的好脸色，结果他就可能破罐破摔，放弃了努力，甚至走上了跟老师故意作对的道路；不善交往的腼腆的人，在跟人接触的时候，老是冷场，老是感到不自在，不快乐，结果认了“命”，过起孤独的生活，开始回避所有的人。

类似的事情，不胜枚举，但这些事都有一个共同点，那就是事件的主人觉得无能为力，感到灰心丧气，认为不得不放弃了，一句话，他们觉得自己在这件事情上失败了。

因而，所谓失败其实就是自己的一种感觉，是在通往目标的过程中，由于自己的行动多次受阻而产生的绝望感，是自己在心中滋养起来的“纸老虎”。对于这种吓人的张牙舞爪的纸老虎，你不打，它是不会倒的。所以，将“失败是成功之母”换个表达方式可能更好一些，那就是“错误和尝试是成功之母”，而失败仅仅是自己的一种感觉，一种绝望的感觉。

素心小语

所谓失败其实就是自己的一种感觉，是在通往目标的过程中，由于自己的行动多次受阻而产生的绝望感，是自己在心中滋养起来的“纸老虎”。对于这种吓人的张牙舞爪的纸老虎，你不打，它是不会倒的。

3. “尽心尽力”和“竭尽全力”的区别

让我们先来看一个人的经历：

1816年，他的家人被赶出了居住的地方，他必须工作以抚养他们。

1818年，他母亲去世。

1831年，经商失败。

1832年，竞选州议员——但落选了，工作也丢了。想要读法学院，但进不去。

1833年，向朋友借一些钱经商，但年底就破产了。接下来他还了17年，才把债还清。

1834年，再次竞选州议员——成功了！

1835年，订婚后就快结婚了，但未婚妻却死了，因此他的心也碎了！

1836年，完全精神崩溃，卧病在床六个月。

1838年，争取成为州议员的发言人——没有成功。

1840年，争取成为选举人——失败了！

1843年，参加国会大选——落选了！

1846年，再次参加国会大选——这次当选了！前往华盛顿特区，表现可圈可点。

1848年，寻求国会议员连任——失败了！

1849年，想在自己的州内担任土地局长的工作——被拒绝了！

1854年，竞选美国参议员——落选了！

1856年，在党的全国代表大会上争取副总统的提名——得票不到100张。

1858年，再度竞选美国参议员——再度落败。

1860年，当选美国总统。

这位屡战屡败、屡败屡战的人到底是谁呢？

对，他就是坚持到底、不输给失败的最佳实例：林肯。

生下来就一贫如洗的林肯，终其一生都在面对挫败，多次选举失败，两次经商失败，甚至还精神崩溃过一次。

“此路破败不堪又容易滑倒。我一只脚滑了跤，另一只脚也因而站不稳，但我回过头来告诉自己，这不过是滑一跤，并不是爬不起来了。”在竞选参议员落败后林肯如是说。好多次，他本可以放弃，但他并没有，也正因为他没有放弃，美国历史上才多了一位伟大的总统。

林肯天下无敌，因为他从不放弃。

没有什么是一成不变的。有阳春，也有金秋；有酷暑，也有寒冬。走运和倒霉都不会持续很久。要永远坚信一点：一切都会变好的。无论身受多大的创伤，心情多么沉重，一贫如洗也好，没人理解也好，都要坚持住。太阳落了还会升起，不幸的日子总有尽头，过去是这样，将来也是这样。在许多人频频遭遇失败的时候，那些有必胜信念的人成功了，他们应该成功，永不放弃的人总会成功的。

真正胜利的人，是能坚持到最后一秒钟的人，因为不到最后关头，是不可能真正分出胜负的。一次的失败并不代表永远的失败，如果你把一次的失败当作最后的失败，因而失去了战斗的意志，那被打败的是你自己。

素心小语——如果心不净，怎么过都是烦

人最大的敌人往往是自己。只有坚持到最后的人，才有成功的机会。

每个人心中都存有继续往前的使命感。努力奋斗是每个人的责任，对这样的责任怀有一份舍我其谁的信念，你就永远不会被失败打倒！

这就如同学一些知识或做一件事情，只是想学好做好，是学不好也做不好的，要有溺水者求生一样的强烈欲望，你才能把自身潜力发挥到极致。

一位猎人带着他的猎狗外出打猎。猎人开了一枪，打中了一只野兔的腿。猎人放狗去追，过了很长时间，狗空着嘴回来了。猎人问："兔子呢？"狗"汪汪汪"地叫了几声，主人听懂了，意思是"我已经尽心尽力了，可还是让狡猾的兔子逃脱了"。

那只野兔回到洞穴，家人问它："你伤了一条腿，那条狗又尽心尽力地追，你是怎么跑回来的？"野兔说："狗是尽心尽力，而我是竭尽全力！"

在一次英语讲座中，一位听者问讲演者："现在，《疯狂英语》在各高校相当流行，你能谈谈对《疯狂英语》的看法吗？"讲演者笑着答道："《疯狂英语》我也看过，我并不想具体地评论这本书的优缺点，但是我要告诉大家《疯狂英语》好就好在'疯狂'二字上。要想学会英语，先理解'疯狂'二字，是让自己'疯狂'起来，疯狂地去学它，这样你才能有一定的收效。如果你在学习时能投入一股疯狂的劲儿，无论什么你都一样能学好。"

听了这段话，我们应有所感悟：无论我们做什么，学什么，只要我们让自己的潜能燃烧起来，竭尽全力地去做、去学，这个世界上没有什么是我们学不会、做不成的。

这个世界是公平的，你付出多少，便会得到多少回报。因此，不要埋怨

生活，不要哀叹命运，你尽了最大的努力，生活就会给你最丰厚的回报。

1946年，年轻的吉米·卡特从海军学院毕业后，遇到了当时的海军上将里·科费将军。将军让他随便说几件自认为比较得意的事情。于是，踌躇满志的吉米·卡特得意地谈起了自己在海军学院毕业时的成绩：“在全校820名毕业生中，我名列第58名。”他满以为将军听了会夸奖他。孰料，里·科费将军不但没有夸奖他，反而问道：“你为什么不是第一名？你尽自己最大努力了吗？”这句话使吉米·卡特惊愕不已，很长时间答不上话来。但他却牢牢地记住了将军的这句话，并将它作为座右铭，时时激励和告诫自己要不断进取、永不自满，尽最大努力做好每一件事情。最后，他以自己坚韧不拔的毅力成为了美国第三十九任总统。在撰写回忆录时，他曾将这句话作为标题：你尽最大努力了吗？

在生活中，我们经常听到这样的话：“我觉得自己已经尽了最大的努力，可惜结果却很令人失望。”说这话的人，是否真的尽了最大的努力呢？未必！他们把做得有点累视为尽了全力，其实还远远未能充分发挥潜力；或者一曝十寒，并未时时努力。

正如台湾企业家王永庆所说：“天下的事情没有轻轻松松、舒舒服服让你获得的。凡事一定要经过苦心的追求，才能真正了解其中的奥秘而有所收获。”他又说：“有压力感，觉得还不够好，做出苦味来才会不断进步，一放松就不行了。”

事实正是如此，只是感到有一定的压力，并不等于竭尽全力，“做出苦味来”，才说明你已努力到十分。你必须逼出自己的全部能量，然后才能心想事成。

素心小语——如果心不净，怎么过都是烦

素心小语

“尽心尽力”和“竭尽全力”的区别在于，让自己发挥能力和让自己的潜能充分燃烧，它们所激发出来的能量是大不一样的。我们无论做任何事情，只是尽心尽力还远远不够，这样你最多比别人干得好一点，却无法从平庸的层次跳出来。只有竭尽全力，发挥出双倍于别人的能量，你才会有优秀的表现。

4. 不管做什么，只要放弃了，就没有成功的机会

伍迪·艾伦，奥斯卡最佳编剧、最佳制片人、最佳导演、最佳男演员，金像奖获得者，在大学里英语竟不及格。

马尔科姆·福布斯，世界最大的商业出版物之一——《福布斯》的主编，却没能当上普林斯顿大学校刊编辑。

利昂·尤利斯，作家、学者、哲学家，却曾几次没有通过中学的英文考试。

利文·尤里曼，两次被提名为奥斯卡金像奖最佳女演员的候选人，当年报考戏剧学院时却没通过，因为主考官认为她没有表演才能。

理查德·马尼博士，神经放射学专家，在医学院一年级时，神经解剖学不及格……

年轻的伊内蒂·比萨刚从按摩学校毕业后想在加利福尼亚美丽的蒙特雷地区见习接诊。当地的按摩机构告知他该地按摩师为数众多，但却没有那么多的病人。于是在四个月中，比萨每天用十个小时挨家挨户地毛遂自荐，上门服务。他总共敲响了12500扇门，和6500个人交谈并邀请他们到他未来的诊所就医。作为对他的毅力和诚挚的回报，在接诊的第一个月，他就医治了233名病人，并创下了当月收入72000美元的记录。

大名鼎鼎的可口可乐公司，开张的第一年，仅售出了400瓶可口可乐。

超级球星迈克尔·乔丹曾被所在的中学篮球队除名。

素心小语——如果心不净，怎么过都是烦

赛拉·霍兹沃斯10岁时双目失明，但她却成为了世界著名的登山运动员。

瑞弗·约翰逊，十项全能的冠军，有一只脚先天畸形。

赛乌斯博士的处女作《想想我在桑树街看到的》被27个出版商拒绝，但他没有放弃。终于，第28家出版社——文戈出版社看中了该书的潜在市场价值，很快出版并获得了600万册的销量。

《心灵鸡汤》在海尔斯传播公司受理出版之前曾遭33家出版社的拒绝。全纽约主要的出版商都说："书确实好得很，但没有人爱读这么短的小故事。"然而现在《心灵鸡汤》系列在世界范围内售出了1700多万册，并被翻译成20种文字。

1935年，《纽约先驱论坛报》发表的一篇书评把乔治·格斯文的经典之作《鲍盖与贝思》评论为"地道的激情的垃圾"。

1902年，《亚特兰蒂克月刊》诗歌版编辑退还了一位28岁诗人的作品，退稿上写："我们的杂志容不下你如此热情洋溢的诗篇。"那个28岁的诗人叫罗伯特·弗罗斯特。

1889年，罗迪亚德·开普林收到了圣佛朗西斯科考试中心的如下拒绝信："很遗憾，开普林先生，你确实不懂得如何使用英语这种语言。"

当艾利斯·赫利还是一个尚未成名的文学青年时，在四年中他每周都能收到一封退稿信。后来艾利斯几欲停止写作《根》这部著作，并自暴自弃。如此九年，他感到自己壮志难酬，于是准备跳海，了此一生。当他站在船尾，看着波浪滔滔，正欲跳海，忽然他听到所有的先人都在呼唤："你要做你该做的，因为现在他们都在天国凝视着你，切勿放弃！选你能胜任的，我们期盼着你！"在以后的几周里，《根》的最后部分终于

完成了。

约翰·班扬因其宗教观点而被关入贝德福监狱。在那里他写出《心路历程》；雷利爵士在身陷囹圄的13年中写出了《世界历史》；马丁·路德被羁押在瓦尔特堡时译出了《圣经》。

托马斯·卡莱尔的《法兰西革命》一书的手稿被朋友的仆人不慎当成了引火之物，然而卡莱尔只是平静地又从头写出一部《法兰西革命》。

1962年，四名少女梦想开始专业歌手的生涯。她们先是在教堂中演唱并举办小型音乐会，后来灌制了一张唱片，但未获成功。接着又灌制一张唱片，但销路极差。第三张、第四张、第五张直至第九张唱片都未能走红。1964年，她们因《侦探克拉克的表演》而小有声名，但这张唱片也是订货寥寥，收支仅仅持平。那年年底，她们录制了《我们的爱要去何方》，结果荣登金曲排行榜榜首。黛安娜·罗丝及其“超级者”组合开始赢得人们的认可，引起乐坛轰动，声名鹊起。

丘吉尔被牛津和剑桥大学以其文科太差而拒之门外。

美国著名画家詹姆斯·惠斯勒曾因化学不及格而被西点军校开除。

1905年，爱因斯坦的博士论文在波恩大学未获通过。原因是论文离题而且充满奇思怪想。爱因斯坦感到沮丧，但这未能使他一蹶不振。

这些人并没被挫折、失败吓倒，也没有听从别人好意但却消极的劝告。相反的，他们重新考虑那些权威们下的结论，并否定了这些结论，所以，他们是伟人，历史也记录下了他们的名字。

不管做什么事，只要放弃了，就没有成功的机会，不放弃就会一直拥有成功的希望。如果你有99%想要成功的欲望，却有1%想要放弃的念头，那么你是没有办法成功的。只有聪明是没有用的，你不去努力，原地踏步，你的目标都将会是空中楼阁。就算你不怎么聪明也不要紧，只要你努力了，就一定会成为一个有才能的人。坚持不懈才是最关键的！

素心小语

不管做什么事，只要放弃了，就没有成功的机会，不放弃就会一直拥有成功的希望。如果你有99%想要成功的欲望，却有1%想要放弃的念头，那么你是没有办法成功的。

5. 成功需要永不停歇的进取精神

我们的世界经历了无数次的变革，每个时代都有很多执着的人。当然，在不同的时代，执着也有着自己不同的含义，但它有一个永恒的意义就是坚持不懈。

王羲之从7岁起就开始学习书法。他的老师卫铄，是个很有名气的女书法家，人们称她卫夫人。卫夫人很喜欢王羲之这个聪明的学生，不但尽心地教他练字，还常用前人练字的故事来鼓励他。

一次，王羲之问卫夫人："我怎样才能快点把字练好？"

卫夫人看到王羲之急切的样子，就说："东汉的时候，有一个名叫张芝的人。他为了练好字，天天在自家门前的池塘边，蘸着池水研墨练字。字写完了，就在池塘里洗涮笔砚，日子一久，洗出的墨汁把整个池塘都染黑了。后来，他的字越练越好，写的草书笔势活泼流畅，寓于变化，大家都管他叫草圣……"

从那以后，王羲之练字更加努力了。他也像张芝一样，每天练完字，就到门前的池塘里洗笔砚。时间一长，原来清澈的池塘，也变成了墨池。后来，王羲之每搬到一处，都要在门前洗笔砚，留下的墨池比张芝的还要多。

王羲之不仅对自己要求严格，在他的"教子经"中，勤奋仍然是非常重要的。

素心小语——如果心不净，怎么过都是烦

王羲之的几个儿子都擅长书法，最有成就的还是第七个儿子王献之。

王献之从小就跟着父亲学习写字。8岁那年，有一天他正在专心致志地练字，王羲之想试试儿子的腕力如何，就悄悄地走到他身后，猛地去拔他手中的笔杆。没想到，王献之的手握得很紧，竟没拔出来。王羲之见儿子年纪不大，却有这样强的腕力，高兴地说："这孩子的书法，将来会有出息的！"

王献之见父亲夸赞自己，练字更加用心了。过一两年，他觉着自己的字写得很不错了，就把自己写的字拿给父亲看。王羲之看了看，就在他写的一个"大"字底下加了一点，改成"太"字。王献之见父亲没有夸赞自己，又把自己写的字拿去给母亲看。母亲看过之后，指着那个"太"字说："依我看，你写的这些字里，只有这个'太'的一点，笔力像你父亲。"

听了母亲的话，王献之羞愧地低下了头。他感到自己的功夫还差得很远，就去向父亲请教。他对父亲说："您能告诉我练字有什么窍门吗？"

王羲之把儿子叫到窗前，指着院子里的十八口大缸说："你用这些大缸里的水磨墨练字，用完了，窍门自然就有了。"

王献之听了父亲语重心长的话，明白勤学苦练才是练字的"窍门"。从此他更加勤奋地练字，后来终于成了有名的书法家，人们常把他们父子并称为"二王"。

俗话说勤能补拙，永不停息的进取精神对每一个想要有所成就的人都是很重要的。在人生的舞台上能演出最好的自己的人，他们的努力和付出的代价虽然各不相同，但是，他们勤而不怠的精神却是相同的。

6. “一举成功”的壮举，源于长久默默的付出

如果在别人的关注下，我们还可以忍受心灵的孤独，那在别人遗忘的角落，我们是否能够依然承受这样的煎熬？如果我们能做到这一点，那注定有被人注目的一天，注定有被人记住的一生。也许我们在平日里并没有多大的欲求，也许我们只是执着于自己的某种爱好，也许我们的举动曾经遭到别人的讥笑，但只要不放弃，只要一点点地坚持做下去，我们就能有意想不到的收获。别人的白眼这时也会变成羡慕的眼光。

许多年以前，荷兰的一个小镇上，来了一个只有初中文化水平的年轻农民，他的名字叫列文虎克。他的工作主要是为镇政府守大门，他在那儿一干就是六十多年。在工作之余，他从来不打牌，不下棋。他只有一个爱好，那就是磨镜片。为了钻研磨镜技术，他到处求师访友，向眼镜匠学习，向炼金家请教，常常磨镜片磨到深夜都不肯罢手。由于这种对镜片的爱好，所以他一下班就躲到屋里忙活起来，这自然就减少了他与亲友交流的时间，所以被亲人误解，常常被认为是“不近人情的家伙”。对此，列文虎克无动于衷，依然锲而不舍地钻研。他磨出的复合镜片的放大倍数超过了专业技师，最终制成了当时无与伦比的精细显微镜，揭开了科技尚未知晓的微生物世界的“面纱”，为此他被授予巴黎科学院院士的头衔。英国女王访问荷兰时，还专程到这个小镇拜会他，英国皇家学会也把他选为了其中的会员。

列文虎克的成功就在于他拥有了坚韧不拔的精神。许多人在事业上的失败，常常不是因为没有选准目标，也不是因为难度太大了，而是因为他们缺乏坚强的意志和坚韧的品格。列文虎克打磨镜片，一干就是六十多年，其中的艰辛、枯燥和乏味不言自明，没有坚韧不拔的意志和锲而不舍的精神是万万不行的。他走的是一条艰辛的荆棘路。打磨镜片在别人看来是太平常的一件工作，但正是在这种细小平凡的事情中才能看出一个人做事的态度。列文虎克不同于其他人的想法，他想把手头上的每一块镜片都磨好，所以他扎扎实实、一丝不苟地做着这样的事情，用尽毕生的心血完成了每一个平淡无奇的动作。在他85岁那年，朋友们劝他安度余生，离开显微镜。他却说："要成功一件事，必须花掉毕生的时间……"他活到90岁高龄，也没有离开显微镜。正是把坚韧不拔的品格作为护身法宝，列文虎克才走过了漫长而坎坷的崎岖小路，用辛劳的汗水浇出了绚丽的成功之花。

科学上许许多多的所谓"一举成功"、"一鸣惊人"的壮举，都是长久地默默地坚持付出的结果，都是以钢铁般的意志和锲而不舍的精神去战胜无数困难的结果。诺贝尔奖获得者、化学家戴维斯说："真正的雄心壮志几乎全是智慧、辛勤、学习、经验的积累，差一分一毫也达不到目的。至于那些一鸣惊人的学者，只是人们觉得他一鸣惊人，其实他下的工夫和潜在的智能，别人事前未能领会到！"

要想取得成功，没有什么"捷径"可走，也没有什么"锦囊妙计"，最需要的就是坚韧不拔的品格。正如法国微生物学家巴斯德所说："告诉你使我达到目标的奥秘吧，我唯一的力量就是我的坚持精神。"

所以忍耐是一种痛苦的磨炼，历经炼狱般的折磨而铭刻于心。尤其是搞科研的人员，如果没有持之以恒的精神，是不可能完成尖端的研究项目的。在那种条件下，挑战的不只是一个人的智力，更多的是对一个人心理素质的挑战。如果没有良好的心理素质，没有能够抗住外界压力和艰苦环境的忍耐精神，是不可能做出成绩的。

当一个人身处逆境时很容易消极颓废，很容易产生懈怠的情绪，宁可坐在那里苦等，也不愿意采取行动或是设法努力向前。他们信奉时间会解决一切，时间能够消除心灵的伤疤，无论对个人还是对事业，都抱着“除非确定事情肯定成功，否则不要去做”的态度。但事实上，很多事情根本无法提前很准确地知道它是否一定可行。所以这种人做起事来老是畏畏缩缩，这样他们常常感受不到生活的乐趣，找不到自己发展的方向，找不到自己奋斗的目标和寄托的希望。这种等待的状态并不是那种忍耐的状态。形势不明朗时我们必须忍耐一点，但却不能忘记自己前进的方向。如果想让自己有所成就，我们就必须全力以赴地去争取，积极地等待机会的到来。

素心小语

素心小语

要想取得成功，没有什么“捷径”可走，也没有什么“锦囊妙计”，最需要的就是坚韧不拔的品格。正如法国微生物学家巴斯德所说：“告诉你使我达到目标的奥秘吧，我唯一的力量就是我的坚持精神。”

7. 要想立足社会，就必须有坚持和执着的精神

有一只蛾正从茧里挣扎着爬出来，一个小男孩见它如此痛苦，拿剪刀帮它将茧剪开。这只蛾终于摆脱了痛苦，却发现自己飞不起来，最终只能死去。

这是什么缘故？原因很简单，因为蛾承受痛苦的过程也是一个聚集力量的过程。想想很多成功人士承受了多少痛苦才获得了成功。然而有些人却不能忍受这样的苦难，对于他们来说任何一点困难都让他们觉得难受，都想寻求别人的帮助。这样的人永远都不会取得成功。

一个人在社会上立足，适应能力和生存能力是不可缺少的。人要学会自己成长，不仅如此，还要承担起照顾他人的重担。未来的责任要求人必须有坚持、执着和永不放弃的精神，同时还要有自立自强的意识。每一个人的命运都不相同，人们大可不必将他人以往的经验作为完全正确的真理来遵守。时代变迁，仅遵循以往的经验来处理事情，无疑是刻舟求剑。

爱因斯坦的小板凳是自己做的，他一共做了三个。当他把第三个交给老师的时候，老师有点嘲讽地说，没有比这更难看的小板凳了。听到这话，爱因斯坦立即从课桌下面拿出了两个小板凳，很严肃地对老师说，交给您的那个小板凳至少比这两个要强许多。爱因斯坦从小就自己动手做些东西，这对他后来取得成功有很大的帮助。

生活中，我们在年轻的时候意气风发，屡屡去尝试各种事情，希望能

够获得成功，但是后来发现很多事情都无法想象，最后屡屡失败。经过几次失败以后，很多人就开始抱怨这个世界不公平，同时也开始怀疑自己的能力，最后，只有一再地降低成功的标准，才能让自己活得心安理得。我们中的许多人往往因为害怕失败，就不去追求成功，而甘愿忍受失败者的生活。很多人不敢去追求成功，不是追求不到成功，而是因为他们的心里面也默认：对自己而言，成功是不可能的。正是基于这样的理念，他们放弃了坚持。

司马光就是一个懂得坚持，十分勤奋的人。说他勤奋，有很多故事可以说明，其中“警枕”最典型。《资治通鉴》是司马光付出了毕生的艰辛和努力换来的，据说当时初稿就堆满了两间屋子。虽然他工作很辛苦，但从来都没有放松对自己的要求。因为他担心自己会睡过头，进而耽误写作，于是特地让人给他做了个圆木枕头，只要他一翻身，枕头就会滚动，自己就能惊醒。正是靠这种分秒必争的方法，历经了十九年，司马光终于完成了巨著——《资治通鉴》。

只有真正做到坚持，才能够几十年如一日地做出不平凡的成绩来。人应该学会坚持、学会忍耐、学会永不放弃，学会将自己的命运掌握在自己的手里。

素心小语

一个人在社会上立足，适应能力和生存能力是不可缺少的。人要学会自己成长，不仅如此，还要承担起照顾他人的重担。未来的责任要求人必须有坚持、执着和永不放弃的精神，同时还要有自立自强的意识。

8. 忍耐可以使人相信隐痛必将消失

有一个流传在日本的故事，说的是阿呆和阿土两个人都是老实巴交的渔民，却都梦想着成为大富翁。

有一天晚上，阿呆做了一个奇怪的梦，梦见在对面的岛上有一座寺，寺里种着四十九棵朱模，其中的一棵开着鲜艳的红花，花下埋藏着一坛闪闪的黄金。阿呆便满心欢喜地驾船去了对岸的小岛。岛上果然有座寺，并种有四十九棵朱模。此时已是秋天，阿呆便住了下来，等候春天的花开。肃杀的隆冬一过，朱模花盛放了，但清一色的淡黄。阿呆没有找到开红花的一株。寺里的僧人也告诉他从未见过哪棵朱模开红花。阿呆便垂头丧气地驾船回到村庄。

后来，阿土知道了这件事，他也驾船去了那个岛，也找到了那座寺。又是秋天了，阿土没有回去，他住下来等待第二年的春天，朱模花凌空怒放，寺里一片灿烂。奇迹就在这时发生了：果然有一棵朱模盛开出了美丽绝伦的红花。阿土于是找到了那坛黄金成了村庄最富有的人。

这个奇异的传说，已在日本流传了近千年。今天的我们为阿呆感到遗憾：他与富翁的梦想只隔一个冬天。他忘了把梦带入第二个灿烂花开的春天，而那足令他一世激动的红花就在第二个春天盛开了！阿土无疑是个执着的人，他相信梦想，并且等待另一个春天！

其实，等待既是一种痛苦，也是一种享受。没有痛苦的等待，是没有意义的；口袋里有在痛苦中等待的东西时，这种等待才会升华为一种享受。比如，一个你期待已久的人，终于来到了你的身边，那种快乐是无法言说的。

天才在忍耐中等待机会。在人生的旅途上，几乎每个人都要受到命运之神的捉弄。也许你要比别人多付出几倍的努力才能换回成功的报酬，也许你要比别人多走许多弯路才能到达胜利的彼岸。但是，再多的磨难也压不垮有韧劲的东西，也摧不毁身上那股不服输的力量。所以，只要你拥有了忍耐的品质，有了坚定的恒心，有了一步踩下去就准备踏实地向前走的决心，那你就能成为命运的主宰者，成为自己的主人，让所有的痛苦都熔化在忍耐中，让所有的眼泪都在忍耐中化为一股轻烟！

生活的沧桑使生命埋下难言的隐痛，忍耐可以使人相信，隐痛必将消失，暴风雨过后的天空会更加明丽。颠沛的人生使人感到迷离恍惚，忍耐可以让你把难熬的寂寞、忧愤、艰辛强压在心底，不让它偷偷钻出来、漫开去，能让你保持心灵的天平达到平衡。

学会忍耐，学会在忍耐中锲而不舍地追求，在忍耐中更深刻地感悟人生。在忍耐中发愤，在忍耐中拼搏。永远记住：阻挡在你和重大成就之间的敌人就是缺乏耐心。只要你能勇敢地反省和检讨自己不够耐心的原因，然后一一去克服那些弱点，那你就能抓住人生中最有价值的东西。如果你发现自己缺乏毅力，只要在你要求成功的欲望之下燃烧起熊熊烈火，就可以弥补这个缺点。不管你的年龄有多大，也不管你的年龄有多小，只要你有一定的意识，有了一定的思考能力，你就应该培养自己拥有持久的耐心。它是每一个人都需要的，它能帮助你实现更多的目标。

如果你想有一番作为，就要做好忍耐的准备！“天才，无非是长久的忍耐。努力吧！”法国著名小说家莫泊桑正是实践了福楼拜的这句赠言，最终成为世界文坛的一颗引人瞩目的明星。相信你自己，在耐力的鼓励下，也能有一番不同凡响的成就。

只要你学会了规则地呼吸，有了长跑的能力，那你就会在人生的马拉松比赛中坚持下来，你就可能在这场比赛中取得理想的成绩，实现自己的梦想。

素心小语

只要你能勇敢地反省和检讨自己不够耐心的原因，然后一一去克服那些弱点，那你就能抓住人生中最有价值的东西。如果你发现自己缺乏毅力，只要在你要求成功的欲望之下燃烧起熊熊烈火，就可以弥补这个缺点。

9. 在打压下寻找有利于自己发展的突破口

有位女明星被公司雪藏，有两年多时间不见作品问世，就在她快要退出公众视野时，终于有了一个出席某晚宴的机会。她的出现引来媒体的热拍，于是面对大量媒体，她突然情绪失控，将两年来公司对自己的不公待遇全盘道出。这个消息瞬间成了各大娱乐新闻的头条，而女明星趁着这次机会，不但让自己大红大紫了一把，同时也顺利解决了被公司雪藏的问题，不但有新东家签下了她，也使她一时间片约不断。

这位女星聪明绝顶，如果她因为东家对自己的不公待遇大吵大闹，最终的结果只会将双方的关系闹得更僵，以后对方更不会给她出人头地的机会。

所以，她选择了低调和沉默。两年光景，她等待的就是一个可以让自己彻底解脱的机会，最终她等来了，并大获成功。

在职场中，我们完全没有必要跟打压我们的人比较、抗衡，我们要做的是在打压下寻找有利于自己发展的突破口。这个突破口就是机遇。这个机遇到底怎么找呢？

①检讨自己是否太高调。

那些打压你的人往往是比你高一级，或者是一个项目的负责人。他们打压你是因为害怕你超越他们。打压的方式是：你明明做得很好，可他们总能挑刺；你为工作提了很好的意见，可某一天大家讨论这个意见时，提出者不是你，却成了另外一个人；竞聘某一职位时，你完全有能力胜任，可他把这个机会给了别人；你希望将一个绝妙的策划案交给老板，可他非要代你转交，最后这个方案不但没有通过，还给你惹来麻烦。

其实，你哪里知道，他早已帮你“改得”面目全非；你为一个项目的完成，向负责人提了很多建议，对方铁了心就是不听你的，最后项目失败了，他又反过来把责任推到你身上。

好吧，第一次我们吃亏，就让对方压制吧！你所要做的不是爆发，不是争吵，也不是去老板那里告状，你首先要做的就是自我检讨，看看你是不是真的太高调，让对方觉得你越权了，对他指手画脚了，还是展现自己展现得太露骨了，如果是，你尽可以收敛一下，展现不一定在这一时半会儿，你要想有更好的施展平台。就得读懂一个“忍”字。

②摸清对方的底细。

保持低调是在做好自己的本职工作，让对方挑不出毛病的同时，还能对打压者敬上三分，让其感觉你在他手下干活就得听他领导，你的气焰不能太甚，你的光芒更不能超过他。当他觉得你已经被他压制在一个角落里后，就会减少对你的关注。就在对方放松警惕时，你要开始留意他的一言一行，摸清他的底细，掌握他的优势、劣势。学习他的长处，补足自己的短处，同时也要找出他所怕的人、所怕的事。知彼知己，百战不殆，当你了解清楚他的这些东西后，不但完善了自己，超越他，还能寻找合适的机会摆脱他的打压。

③处理好同事间的关系。

当你的能力受到对方的压制后，你所要做的不是怨天尤人，或者叹息遇人不淑。你依旧可以保持乐观的态度。在做好自己本职工作的同时，积极搞好人际关系，跟你的同事友好共处，尽量在他们心目中树立友好、善良、乐于助人的大好人形象。即便是得不到上司的青睐，也一定要得到众人的拥护，毕竟得民心者得天下！

④寻找可以展现自己的机会。

当你觉得自己“招兵买马”，无论是能力还是人际关系，都已经大大超越对方时，那么就是你找准机会，在真正能赏识你的人面前展示自己的时候了。留意那些全体员工和领导层都参加的会议，看看自己有没有机会一展身手，将一个“金光闪耀”的自己全面展现于众人面前。无论你如何展现，一点一滴都要拿捏好，要让人觉得你不是刻意求宠，仅仅是在这样一个契机下，让自己的才能发挥出来而已。

在职场中，如果你遭遇自己的上司打压，或被职位稍高于自己的人打压时，不一定要跟对方硬碰硬，那样只会鸡蛋碰石头般得不偿失。而要给自己找机会，找到一个可以让自己一鸣惊人的机会。

素心小语

在职场中，我们完全没有必要跟打压我们的人比较、抗衡，我们要做的是在打压下寻找有利于自己发展的突破口。这个突破口就是机遇。

第7辑

乌鸦反哺，羊羔跪乳
——存一颗感恩心

感恩是一种处世哲学，是生活中的大智慧。感恩可以消解内心所有积怨，感恩可以荡涤世间一切尘埃。人生在世，不可能一帆风顺，种种失败、无奈都需要我们勇敢地面对、豁达地处理。感恩是一种生活态度，是一种品德，发自肺腑。如果人与人之间缺乏感恩之心，必然会导致人际关系的冷漠，所以，每个人都应该学会感恩。

1. 感谢生活的人，生活会给他丰厚的回报

人生有付出，就会有收获，如果我们以爱心去对待别人，别人也会以同样的爱心对待我们。感谢生活的人，生活才会给予他丰厚的回报。一个不知感恩、不能感恩的人，不会拥有积极的心态，不会热爱人生，不会热爱工作，也不会拥有谦虚好学和培养良好习惯的内在动力。

一个人感恩与不满是两种情感，它所关注、吸引的事物和形成的结果是不一样的。感恩的人关注吸引美好的事物，首先他会感激并关注美好事物，而后形成积极期望，再涌现积极改善的想法，继而形成积极有效的行动，从而造成积极结果。相反，不满的人关注吸引不满的事，首先厌烦并关注不好的事物，而后形成消极期望，再涌现消极改善，继而形成消极行动，从而促成消极的结果。这样，形成新的马太效应：感恩的人，越来越美好，越来越富有；而不满的人越来越烦恼，越来越贫穷。把“恩”拆开，就是“因”和“心”，正因为有了一颗爱心，人们才会用真情温暖彼此的心。常怀感恩之心，会使我们宁静恬淡，胸怀宽广，促进和谐人际关系的建立，从而有助于事业的成功。

感恩不是压力，不是债务负担，而是一种人生智慧，是一种催人向上的动力。

前几年台湾金石堂排行榜第一的畅销书《乞丐囝仔》，短短时间就销售上百万册，书中内容真实感人，催人泪下。故事的主人公，就是台湾

十大杰出青年赖进东。赖进东出生在一个乞丐家庭，全家十口人大多有重度残疾，全靠乞讨为生。赖进东刚刚学会走路，就跟着姐姐乞讨，四处流浪，过着风餐露宿的生活，经常以坟地、庙宇为家，10岁之后边读书边乞讨，总共过了17年的乞讨生活。身为长子的赖进东不但肩挑全家的担子，更努力求学，发奋工作，终能娶妻生子，经营事业。人生至此，是苦尽甘来、开花结果。

书中最后说："我一直相信天下没有白吃的午餐，虽然你付出了多少不一定会得到多少，但如果你不脚踏实地努力，那么你得到的也很快会再失去，因为轻易得到的东西不会让人珍惜。今天，我愿以最谦卑的心情跟大家分享我半生的人生经历，希望读者都能喜欢这本书。而我一直有个心愿，就是尽我的能力筹盖一座多元化的孝亲公司、孝亲图书馆，这也是我写这本书的目的。当然，这个心愿实现起来不容易，但我相信只要努力，未来一定会完成这个梦想。

"最后，我要向在我生命中出现的人，献上我最诚挚的谢意。

"——感谢过去曾经关照我的所有人士，以及我所有老师的鼓励、照顾、教诲，使我有今天。

"——感谢我的老婆阿霞，感谢她愿意为这个世界上最不幸的家庭牺牲自己，这么长的时间，她一直陪在我身边，无怨无悔地陪我走过这段艰辛的路程。

"——感谢我的父母，他们生我、养我，虽然两人都是重度残障，但我永远爱着他们，怀念他们。还有我最亲爱的姐姐，如果不是她卖身尽孝，如果不是她长期一直扮演我生命中的明灯，做我的精神支柱，阿进根本不可能活到今天。

"——谢谢我的老板，他给我机会，让我可以在工作上一展所长。

"——也要谢谢过去曾经嘲笑、侮辱过我的人，是因为他们的刺激，让我有了向上攀升的力量。

"——我终可以说一声：谢谢你们，我没有辜负大家对我的期许。天无绝人之路，曾经的痛苦、委曲、折磨，曾经我走在遍布荆棘的漫漫黑夜长路，而终有这一天，我望见了希望，走出了自己的人生道路。"

赖进东的事迹十分感人，同时，也让我们认识到，拥有快乐心情的人是最幸福的！而怎样才能拥有快乐的心情呢？那就是让自己有一颗感恩的心。

素心小语

把"恩"拆开，就是"因"和"心"，正因为有了一颗爱心，人们才会用真情温暖彼此的心。常怀感恩之心，会使我们宁静恬淡，胸怀宽广，促进和谐人际关系的建立，从而有助于事业的成功。

2. 为生活中的每一份拥有而感恩

感恩之心会给我们带来无尽的快乐。有一首歌的歌词写道：“不在乎天长地久，只在乎曾经拥有。”为生活中的每一份拥有而感恩，能让我们知足常乐。感恩不是炫耀，不是停滞不前，而是把所有的拥有看作是一种荣幸、一种鼓励，在深深的感激之中产生回报的积极行动，去与他人分享自己的拥有。感恩之心使人警醒并积极行动，使人更加热爱生活，使创造力更加活跃；感恩之心使人向世界敞开胸怀，去投身到仁爱行动之中。

没有感恩之心的人，永远不会懂得爱，也不会得到别人的爱；拥有感恩之心的人，即使仰望夜空，也会有一种感动，体会到一丝快乐。正如康德所说：“在晴朗之夜，仰望天空，就会获得一种快乐，这种快乐只有高尚的心灵才能体会出来。”《圣经》中有这样一个故事：约伯遭遇到空前的灾难，儿女都死去了，财产也被掠夺一空，他自己也全身长满了疮，只能坐在炉灰中用瓦片刮痒。然而，就是在这样的环境中，他却仍然心存感激，感谢苦难使他认清了至高的神。当然，我们不是在宣传某种教义，但生活中确实需要感恩。不懂得感恩，生活便会黯然失色，人生便没有滋味。

有两个人在沙漠中行走多日，在他们口渴难耐之际碰到一个赶骆驼的老人。骆驼上放着一大皮袋水。于是他们便向老人讨碗水喝，老人却仅给了他们每人半碗水。其中一个人在老人走后，一个劲儿地抱怨老人吝啬，有那么多水，却只给半碗，一怒之下，他竟将这半碗水泼掉了。另一个虽然也知道这半碗水并不能完全解渴，但还是怀着感激之情喝下了这半碗水。结果，他们又往前走了很远也没碰到水源，前者因为拒绝喝半碗水而渴死在沙漠中，后者因为喝了这半碗水，终于走出了沙漠。

老人施舍的分明是一种爱心，而后者喝下的也是一种感恩，正是这种感恩，才支撑着他走出沙漠。生活中我们也应该学会感恩，感恩父母给了我们生命，感恩国家给了我们和平，感恩路人给了我们帮助……生活中需要感恩的事实在是很多。怀有一颗感恩之心，才能体味到人生的幸福。

素心小语

没有感恩之心的人，永远不会懂得爱，也不会得到别人的爱；拥有感恩之心的人，即使仰望夜空，也会有一种感动，体会到一丝快乐。正如康德所说：“在晴朗之夜，仰望天空，就会获得一种快乐，这种快乐只有高尚的心灵才能体会出来。”

3. 不管生活充满阳光还是阴霾，都要心存感恩

“我的手还能活动，我的大脑还能思维，我有终生追求的理想，我有爱我的和我爱着的亲人与朋友……”谁能想到这段豁达而美妙的文字，竟出自一位在轮椅上生活了三十余年的高位瘫痪的残疾人——世界科学巨匠霍金之手。上天对霍金实在是不能再苛刻了，他口不能说，腿不能站，身体不能动，可他仍感到满足，感到自己很富有：一根能活动的手指，一个能思维的大脑……这些都让他对生活充满了感恩之心。

看了这个故事之后，处在困境中的你，一定会有很深的感悟。也许之前你还在抱怨自己的生活没有意义，过得好无聊，工作不如意，孩子不听话，但这些跟霍金的困难相比还算是困难吗？霍金尚且能感恩，我们呢？感恩，不仅是一种心态，更是一种处世之道和做人的境界。让我们以知足不抱怨的心去体察和珍惜身边的人、事、物；让我们在渐渐平淡麻木了的日子里，发现生活本是如此丰厚而富有；让我们领悟和品味命运的馈赠与生命的激情；让我们收集如此饱满的感情，让感恩之心伴我们一生。

平凡的日子里的点点滴滴，需要我们用感恩之心去回报！阳光、雨露、大地、天空、森林与河流，以及春天里的一缕新绿或秋天里的一抹金黄！这个世界啊，值得我们感恩的实在是太多太多！感恩祖国和人民，感恩部队与警营，感恩父母亲人，培养我们茁壮成长，给予我们大海般爱的深情；感恩良师益友，那份循循善诱和谆谆教导；感恩爱侣情人，那份相

濡以沫的默默陪伴，那在困境中向我们伸来的温暖之手。

我们甚至还要感恩失败、挫折、痛苦和不幸……正是这些，让我们变得更加坚强、成熟。逆境之中更能够激发人的潜能，别人对你的伤害越大，你得到的磨炼也越大。如果常处逆境中，自己心灵的纯净度也能不断提升，那么人生一定会过得充实而有信心。

当挫折或伤害来临的时候，不要总是想到自己怎么这么倒霉，不幸的事总是发生在我身上，而要首先想想这件事对你有什么价值，对你的人生有什么帮助。要培养自己从积极的方面看待事物的思维习惯。其次就是要用感恩的心来面对挫折，思维习惯的培养有一个学习的过程，要给自己时间和耐心。

其实，让我们更快成长起来的不是优裕和顺境，而是那些常常可以置自己于死地的打击、挫折和对立面。挪威著名剧作家亨利·易卜生把自己的对立面——瑞典剧作家斯特林堡的画像放在桌子上，一边写作一边看着画像，从而激励自己。易卜生说："他是我的死对头，但我不去伤害他，把他放在桌子上，让他看着我写作。"

据说，易卜生在对立面目光的关注下，完成了《社会支持》《玩偶之家》等世界戏剧文化中的经典之作。

让我们都学会感恩吧！不管你的生活充满了阳光还是阴霾，从现在开始学会感恩吧！记得苍天给我们的雨露，大地给我们的五谷，路人给我们的笑容，小鸟给我们的歌唱，微风给我们的轻抚……常存感恩之心，会使我们的灵魂更加纯洁、生活更加美好！

素心小语

当挫折或伤害来临的时候，不要总是想到自己怎么这么倒霉，不幸的事总是发生在你身上，而要首先想想这件事对你有什么价值，对你的人生有什么帮助。要培养自己从积极的方面看待事物的思维习惯。其次就是要用感恩的心来面对挫折，思维习惯的培养有一个学习的过程，要给自己时间和耐心。

4. 改变看问题的视角，相信每种安排都是最好的

英国作家萨克雷说过：“生活就是一面镜子，你笑它就笑，你哭它就哭。”俄国作家契诃夫也说：“如果你手上扎了一根刺，那你应该高兴才对，幸亏没有扎到眼睛。”

这告诉我们，感恩，是一种观察问题的视角，我们懂得感恩生活，生活将会赐予我们灿烂的阳光。

人生活在这个世界上，不可能处处一帆风顺，种种失意和无奈都需要勇敢地去面对，豁达地去处理。当我们在人生旅途中遇到风雨甚至不幸的时候，如果有一颗感恩的心，就会对所遇的一切都抱有一种感激的态度，这样的态度将会使我们消除怨气，鼓起前进的勇气。美国前总统罗斯福一次家中失窃，被偷去了很多东西，一位朋友知道后立即写信安慰他，劝他不要太在意。罗斯福给朋友写了一封回信说：“亲爱的朋友，谢谢你来信安慰我，我现在很平安。感谢上帝：第一，贼偷去的是我的东西，而没有伤害到我的生命；第二，贼只偷去了我部分东西，不是我的全部；第三，最值得庆幸的是，做贼的是他，而不是我。”对任何人来说，失窃绝对是不幸的事，而罗斯福却讲出了三条感恩的理由，这不能不让我们受到启迪。

相传，古印度有位英勇无敌的王子，某次征战获得重大胜利。在盛大的庆功宴上，王子谦逊地举起酒杯，向前辈、大臣、在座的将士以及黎民百姓，一一表示感谢，甚至连为他牵马的仆人也没有忘记，这使得大家深

受感动。此时，坐在他旁边的老国王提醒他："我的孩子，还有一个重要的人，你还没有向他致谢呢。"王子愣了半天也想不出是谁，只好向父王请教，老国王郑重地说："你的敌人。"

现实中，我们常自认为怎样才是最好的，但往往事与愿违，使我们不能平静，感到不满足。有一位白领小姐，在家受到父母和哥哥的百般照顾，丈夫对她更是呵护有加，甚至连她的内衣、袜子都是丈夫洗，她都没有一点感恩。她嫌丈夫是个体育老师，于是离婚后改嫁了一位官员，倒是过上了有车族的生活，可她要承担全部家务，甚至还要忍受丈夫的打骂，脸上的笑容消失了，很快苍老了很多。

我们要相信，目前我们所经历的不论是顺境、逆境，都是对我们最好的安排。若能如此，我们才能在顺境中心存感恩，在逆境中依旧心存喜乐。

素心小语

我们感恩生活，生活将赐予我们灿烂的阳光；我们不感恩，只知一味地怨天尤人，最终可能一无所有！成功时，感恩的理由固然能找到许多；失败时，不感恩的借口却只需一个。殊不知，失败或不幸时更应该感恩生活。

5. 受人滴水之恩，当以涌泉相报

古训有云："受人滴水之恩，当以涌泉相报。"越是在困难的时候，我们越要记住那些曾经帮助过我们的人，哪怕是仅给过我们一碗水、一个微笑的人，我们应该用更大的回报来感谢他们。

韩信，淮阴人，汉初著名将军。他从小喜欢读兵书，有着满腹的学识，希望有一天能披挂上阵，在战场上建立自己的功业，当个大将军。可是在他年轻的时候，没有人赏识他的才华，因而他总是郁郁不得志。

那时候，韩信很穷，日子过得很清苦。为了糊口，他经常到江边钓鱼，如果运气好的话，一天能钓上几条鱼，这样不但能够解决自己的肚子问题，还能换几个钱补贴生活。可是，钓鱼也不是一件容易的事情，并不是天天都能钓到鱼的，如果钓不到，他就只能饿肚子了。

有一天，韩信又到江边去钓鱼，眼看着已经晌午了，却连一条鱼都没有钓上来。韩信又饿又累，没有办法，就坐在那里望着自己的鱼竿发呆。江边有一个洗衣服的老大娘，看到韩信一个人坐在江边发呆，垂头丧气的，就十分关心地走过来，问道："年轻人，你怎么了，有什么不开心的事情吗？"韩信抬起头，见是一位和蔼可亲的老大娘，就如实告诉她说："大娘，我家里没有吃的了，想到这里钓几条鱼换钱买吃的，可是我钓了一上午了也没有钓到一条鱼，我现在饿得不行了。"

老大娘听了，不由得生起怜悯之心，就对他说："年轻人，如果你不嫌弃，就到我家先吃点东西，填填肚子吧。”韩信当时饿得快要发疯了，哪里还管什么好坏，只要有吃的就成，因而，他非常高兴地收起鱼竿，和大娘一同回家吃饭去了。

韩信和老大娘一边走一边说话。老大娘从韩信的口中了解到韩信的家世和他的抱负，从心里喜欢这个虽然生活贫困，但是却很有理想的年轻人。从此以后，老大娘经常送给韩信一些饭菜以接济他，韩信对此感激不已。

一天，老大娘又给韩信送来一些饭菜，韩信很感动，对老大娘说：“大娘，您对我真好，总是接济我，等以后我做了大事，一定要好好报答您老人家！”老大娘听后，却生气了，说：“你以为我是为了让你报答我才帮助你的吗？你错了，我看你是个堂堂大丈夫却不能养活自己，因为同情你我才帮助你的。”韩信听了老大娘的话，默默地吃着饭，心里却泛起了波澜。不久，韩信就告别了老大娘，离开了家乡，出外去闯荡了。

很多年过去了，韩信成了刘邦军中有名的将军，帮助刘邦打天下，建立了汉朝。刘邦封他做了楚王，他也获得了很高的声望。但是，在他心中一直惦记着那个曾经接济过他的老大娘。于是，韩信就派人打听老大娘的近况，得知老大娘仍旧在他家乡过着清贫的日子，韩信就派人给她送去各种物品，让老大娘不再过那种劳碌贫困的生活，而且还特意回家乡看望老大娘，并给老大娘送去了一千两黄金。

老大娘说：“你不要把这些黄金给我，一来我已经老了，活不了多少天了，要这么多钱也没有用，将来我也不能把它们带到棺材里；二来我也没有为你做过什么大不了的事，哪能要你这么多钱呢？”韩信恳切地说：“当年我肚子饿的时候，您给我的虽然是粗茶淡饭，但对我来说这帮助是很可贵的，更何况您那时生活也很艰难，即使在这种情况下，您还是来帮助我。现在我有地位，有钱了，理应报答您。而且当年我也说过，等我以后做了大事，一定要好好地报答您！”老大娘感动得热泪盈眶。韩信接着说，“我知道，当年您并不是为了要我报恩才帮助我的。也正是因为如此，我才更感到您是真心对我好，所以，我就更该好好地感谢您、报答您啊！”

自古中华民族就有济困、报恩的传统美德。韩信在困顿的时候得到那位老大娘的接济，度过了生命中最难熬的时光，韩信的知恩图报既是常理，也是难得的品质。如今很多人品质低劣，困境时受人接济感恩戴德，境况好转或飞黄腾达后便翻脸不认人，完全忘却了别人曾经给予的帮助。虽说我们不提倡施恩者以求回报为目的，但受恩者若不知感恩也的确是失却美好品质的表现，让人不免内心寒凉，感受不到人与人之间的回馈之暖，这样的处世作风是不值得提倡的。

素心小语

人与人之间的爱护之情和温暖之谊常在施恩与回馈之间体现，这是人类美好情感的传递。如果世人只知受恩不知回报，感情增进便缺乏途径。一个给人冷漠之感、不懂感恩的人，是没有人愿意与之交往的。

6. 以感恩的心情工作时，工作会变得更加愉快

职场中，我们经常会听到一些抱怨的话，诸如“工资太低”、“环境太差”、“工作太辛苦”，这样的人是不知足的人，也不懂得珍惜。

在一篇文章中，有位父亲在儿子刚刚参加工作时告诫儿子三句话：“遇到一位好老板，要忠心为他工作；假如第一份工作就有很高的薪水，那算你的运气好，要努力工作以感恩惜福；万一薪水不理想，就要懂得在工作中磨炼自己的技艺。”

这位父亲说得多好啊！切切实实，很有道理。在工作中不管做任何事，都要把我们的心态回归到零：把自己放空，抱着学习的态度，将每一次都视为一个新的开始，一次新的经验，不要计较一时的待遇得失。

在我们的生命里，有近三分之一的时间都在工作。工作是我们的生存之本，是我们幸福生活的基础，更是我们实现人生价值的平台，我们应该对工作心存感恩。当你心存感恩时，你的心情自然是愉快而积极的，你知道自己工作的意义和责任，并会永远保持一种主动的工作态度，为自己的行为负责。这时的工作将不再是一种负担，即使是再平凡的工作也会变得意义非凡。

对工作心怀感激。每一份工作或每一个工作环境都无法尽善尽美，但每一份工作中都有许多宝贵的经验和资源，如失败的沮丧、自我成长的喜悦、温馨的工作伙伴、关心员工的领导、值得感谢的客户等，这些都是工

作成功必须学习的感受和必须具备的财富。如果我们能每天怀着感恩的心情去工作，在工作中始终牢记“拥有一份工作，就要懂得感恩”的道理，我们一定会收获另一份美丽。

李玲玲在一家高级酒店做保洁员，她对自己的工作总是抱着一种感恩的态度，她的笑容总是让人如沐春风。

一次，李玲玲在下班的路上遇到了一位打听另一家酒店的外国人，她摊开地图，详细地写下了行走路线。

在外国朋友辞别道谢之际，李玲玲很有礼貌地回应：“不客气，祝你顺利！”

接着她又补充了一句：“我相信你一定会很满意那家酒店的服务，因为那儿的保洁员是我的徒弟。”

“哈哈哈，真是太好了！”外国朋友高兴地笑了起来，“没想到你还有徒弟！”

李玲玲一听，甭提心里有多高兴了，赶忙说：“是啊，我做保洁员已经15年了，培养出好多徒弟，而且我敢保证我的每一个徒弟都是最优秀的保洁员。”

这位外国朋友非常疑惑，于是问她：“是什么让你对自己的工作保持这样的热忱呢？”李玲玲笑着说：“我的工作给了我生活，给了我乐趣，我很感激也很受用！”

工作为我们展示了广阔的发展空间，工作为我们提供了施展才华的平台。对工作为我们所带来的一切，都要心存感激，并力图通过努力工作回报社会来表达自己的感激之情。感恩既是一种良好的心态，又是一种奉献精神，当我们以一种感恩图报的心情工作时，我们会工作得更愉快，也会工作得更出色。

素心小语

当你心存感恩时，你的心情自然是愉快而积极的，你知道自己工作的意义和责任，并会永远保持一种主动的工作态度，为自己的行为负责。这时的工作将不再是一种负担，即使是再平凡的工作也会变得意义非凡。

7. 不要抱怨，今天的生活足以让你向上苍感恩

在漫长的人生道路上，不遂人意的事常有发生，如果我们因为种种挫折而心灰意冷、备受煎熬，那么人生还有什么滋味？既然不可避免的事实已摆在你面前，你就必须坦然面对，加以接受并适应它。培根说："一个悲观的人，把所有的快乐都看成不快乐，如同美酒倒入充满胆汁的口中也会变苦一样。"其实，生活中的幸福与困厄，并不在于降临的事情本身是苦是乐，而要看我们如何去面对。当你认为自己很可怜，让痛苦爬满额头，你的生活就会真的很痛苦；而如果你相信自己很快乐，并且快乐地去生活，那么你的生活也就真的很快乐。

传说，有个寺院的住持，立下了一个特别的规矩：每到年底，寺里的和尚都要面对住持说两个字。第一年年底，住持问新和尚心里最想说什么，新和尚说："床硬。"第二年年底，住持又问新和尚心里最想说什么，新和尚说："食劣。"第三年年底，新和尚没等主持提问，就说："告辞。"住持望着新和尚的背影自言自语地说："心中有魔，难成正果，可惜！可惜！"

住持说的"魔"，就是新和尚心里没完没了的抱怨。这个新和尚只考虑自己要什么，却从来没有想过别人给了他什么。像新和尚这样的人在现实生活中很多，他们这也看不惯，那也不如意，怨气冲天，牢骚满腹，总

觉得别人欠他们的，社会欠他们的，从来感觉不到别人和社会对他所做的一切。这种人心里只会产生抱怨，不会产生感恩。一个哲人说，世界上最大的悲剧和不幸就是一个人大言不惭地说："没人给过我任何东西。"

常听得有人抱怨："上天太不公平了，为什么别人都那么优秀，而我却一无所有？我没有花容月貌，没有八斗才华，没有政治家的文韬武略，又不及军事家能运筹帷幄。我缺乏天赋，啊！天赋，那是上天赐予的财富。上天啊，既然让我来到这个世间，为什么又不给我超凡的一切？"

抱怨的人们啊，一心仰面向天乞求财富，却从不低下头来仔细想想自己已经拥有的一切。于是时间在怨天尤人中悄悄流逝，他们踌躇、苦闷、蹉跎岁月，最终一事无成。

很多人都觉得活得累，于是抱怨变成了最方便的出气方式。但抱怨很多时候不但不能解决问题，还会使问题恶化。如果抱怨上了瘾，不但人见人厌，自己也整天不耐烦。

抱怨生活，只能使自己过得更疲惫。有这样一个故事：比尔生活在城市里，生活即使舒适，有时仍感觉缺少事做；即使忙碌，但也觉得空虚；有快乐，也有彷徨，有希望，也有失望，总是难得如意。因此寻访乡野成了他解决烦恼的一种途径。乡间正值丰收季节，田垄上堆着稻子，农人提着镰刀，松松斗笠，用毛巾擦着汗，嬉笑地走向冒着炊烟的家。比尔和一老者在树下聊天，老者淳朴而友善。老者说："我感觉快乐是因为我能够适应田间的生活，而且喜欢它。我很乐观，对生活不曾抱怨过，我吃自己种的蔬菜和水果，觉得那是世上最好的食物。"比尔若有所悟地点了点头。

素心小语——如果心不净，怎么过都是烦

在自然界的生活当中，没有什么是一成不变的，如果你不能适应生活，不能调整心态，你永远都会有烦恼。你要相信：一切都会变好的，我们的生活是美好的，我们要乐观地对待生活，充满自信地挑战生活，我们永远都是胜利者。

世界上有许多人没有安居的处所，有许多人没受教育的权利，有许多人为一日三餐发愁，有许多人没有存款，有许多人挣扎在死亡的边缘……所以，请不要抱怨，因为抱怨不会使你在增长的岁数减少，抱怨不会使穷乏的知识增多；抱怨不会帮你工作，替你劳累；抱怨不会使青春永在，快乐常存。在穿越了千山万水后，发现自己虽然满脚的泥泞，可是却闻到了满身的花香啊，还有清晨大自然赐予我们的露水，中午老天给我们播洒的阳光，即使是深夜，也有星星在我们的身上留下了笑脸。那么，还要去抱怨自己所受的苦，所受的伤吗？不要抱怨生活的苦，不要在意命运的不公平。走完一段路后，要回过头去，认真地去寻找和回味每个足迹，深深浅浅的足迹，每个足迹里都有一个值得我们回忆的故事，甚至是刻骨铭心的记忆。翻过险山，领略了什么叫伟岸，于是不再怕峻岭；涉过了急流，便领教了什么叫挑战，哪怕后边有更多的险滩；在生死的边缘挣扎过，会对生命的珍贵有更深的感悟，今后，再也不会怠慢生命，会认真地过好每一天。唯有经历了失败，才会从心底升腾起对成功的渴望……

所以，不要抱怨，今天的生活足以使人向上苍感恩的。拍打干净身上的灰尘，振作疲惫的精神，笑着上路，去迎接下段征程和挑战。前方也许是坎坷的路，前方也许有更大的风险，但是要记住，在不远的前方，一定会有成功在等待，因为无限风光在险峰！

素心小语

世界上最大的悲剧和不幸就是一个人大言不惭地说："没人给过我任何东西。"一味抱怨的人没有感恩心，不懂感恩的人看不见生活给予他的希望，这样的人只能在无边的黑暗里生存，很难见到阳光明媚的前程。

8. 尊老敬老是感恩心最好的体现

感恩心最好最直接的体现便是在对老人的态度上。一个心怀感恩的人知道对老者尊重，对父母孝敬。南怀瑾先生说：“孝道从古至今都是考查一个人的品质与教养的最基本、也是最重要的因素，一个能够尊老敬老的人，才是真正能获得别人尊重的人。西汉的张良、晋代的陶侃，这两位既立功又立德的人物，正是尊老敬老的典范。”

张良，字子房，祖上是韩国人。祖父张开地，曾是韩昭侯、宣惠王、襄哀王的相国。父亲张平，为釐王、悼惠王相国，悼惠王二十三年，张平去世。二十年后，秦灭韩。张良因年少，尚未在韩国任职，他决定用全部家财招求侠客谋刺秦王，替韩国报仇。

张良曾在淮阳学礼，又东行拜访沧海君，求得大力士，专制了120斤的铁锥。当时秦始皇向东巡游，行至博浪沙地方，张良与刺客伏击秦始皇，铁锥误中副车。秦始皇大怒，令大肆搜捕，要抓刺客，张良于是更名换姓，逃匿到下邳。

一次，张良闲游到下邳一座桥上，有一老翁，穿粗麻短衣，走到张良身边，故意把鞋子掉到桥下，回头对张良说：“小子，下去把鞋拾来！”张良开始很惊讶，想揍他。但因为对方是长者，张良就强忍性子，下桥取鞋，就势屈膝替他穿上。

老人伸脚穿上鞋，笑着走了，张良心里很奇怪。老人走了一段又回来，说：“小子是可教之材。第五天天亮时，来此同我见面。”张良虽然很纳闷，但仍行礼答：“好。”

第五天天亮，张良前去，老人已先到等在那儿，生气地说：“与老人约会为何来迟？回去，五天后早些来。”到第五天，张良鸡叫时前往，老人又先到，还是生气地说：“为何又来迟？五天后再早些来。”五天后，张良半夜前去，没多久老人也来了，高兴地说：“应当如此。”于是拿出一部书送给张良说：“读好了此书可做帝王之师，十年后天下大变。十三年后，你会见到我，济北谷城山下的黄石，即是我。”说完就离开不见了。

天明看这部书，原来是《太公兵法》，张良心中感到欣喜异常，常常研读它。其后，秦末农民战争风起云涌，张良选择了跟随刘邦，尽心尽力地辅佐他，终于夺取了天下，建立了汉室江山。张良被封为留侯，为著名的汉初三杰之一。

陶侃是大诗人陶渊明的祖父。他是晋代名将，以功高德勋名垂青史。

陶侃小的时候，家境非常贫寒。母亲湛氏靠纺纱织布供儿子读书。陶母不但能吃苦耐劳，而且很有志气，严于家教。从陶侃懂事起，她就教育儿子刻苦自励，做到“贫贱志不移”，希望儿子长大以后，能成为孟子所说的那种“富贵不能淫，贫贱不能移，威武不能屈”的大丈夫式的人物。

陶侃长大后，没有辜负母亲的期望。他不但为官清廉正直，而且在诸多生活细节上也很注意，在母亲去世之后，依然遵循着母亲的教诲，时时在心中感念着母亲。

陶侃有个奇特的癖好——搬砖，每天早晨，他把一百块砖搬到院子里，傍晚又把一百块砖搬回屋里，每次都累得满头大汗，谁去帮忙他都不肯。不论阴晴雨雪，也不论春夏秋冬，一年到头按时搬运，从不间断。有人问他：“将军，你这是干什么？”他说：“你们知道我们国家的北方已落入了异族手中，我立志要收复中原。母亲生前曾同我说过，生活过于安逸，不但会伤害身体，而且容易消磨意志。我之所以每天搬砖，正是为了锻炼身体和磨炼意志，好实现我的远大理想。”

还有一件轶事，就是陶侃每次喝酒都有一定的限度，常常喝到酒兴正浓时戛然而止，坚决推杯不喝，因为他给自己规定的限度已经到了。有一次，有一位好友劝他再喝点儿，他还是不喝，问他为什么这样，他沉默了好久，才道出了真情：“年少有酒失，亡亲见约，故不敢逾议者。”这里的亡亲是指过世的母亲。这句话的意思是说，陶侃年轻时，曾因喝醉酒出过问题，他的母亲曾因此让他有过誓约，所以后来喝酒再也不敢超过约定的量。陶侃说到做到，母亲去世以后，几十年来，每次喝酒他从未超过当时约定的量。

张良对长者的尊敬，让黄石老人对他产生了信任，觉得孺子可教，于是传授了他天书。这是尊老敬老的好处。而陶侃则从内心和行动上表现出了对母亲的感恩和怀念。他们的成功应该不是偶然的。这二人相同之处在于怀敬老之心，知孝道，通大理，自有一番超乎常人的意志和见识。这种人，无论是在做人的智慧上，还是处世的策略上，都比一般人要来得实在、顺达。

素心小语

感恩心最好最直接的体现便是在对老人的态度上。一个心怀感恩的人知道对老者尊重，对父母孝敬。

9. 父母恩情重如山、深似海，人生莫忘父母恩

“孝”是儒家伦理思想的核心，是千百年来中国社会维系家庭关系的道德准则，是中华民族的传统美德，是先辈传承下来的宝贵精神财富，是每个儿女应尽的义务，也是我们每个人义不容辞的责任。孝敬父母，尊敬长辈，是做人的本分，是各种品德形成的前提，也是良好修养的一种最佳体现。父母恩情重如山、深似海，人生莫忘父母恩。

“树欲静而风不止，子欲养而亲不待”，这声叹息是皋鱼在父母死后有感而发的。皋鱼周游列国去寻师访友，故很少留在家乡侍奉父母。岂料父母相继去世，皋鱼才惊觉从此不能再尽孝道，深悔当初父母在世时未能好好侍奉，现在已追悔莫及了！皋鱼以“树欲静而风不止”来比喻他痛失双亲的无奈。树木不喜随风摆动太多，否则便枝歪叶落，无奈劲风始终不肯停息，而树木便不断被吹得摇晃。风不止是树的无奈，而亲不在则是孝子的无奈！

父母是需要我们用一生去感谢的，因为他们是我们咿呀学语的拐杖，是漂泊天涯游子的归巢，是我们人生的第一位老师，是我们成长路上不可缺少的引路人。有句老话叫作：“百善孝为先。”大意是，如果你想做个好人，那首先应该做到的是孝敬父母、尊重父母。

人们常说，父母恩最难报。愿我们每一个人能以当年父母对待小时候的我们那样，耐心、温柔地对待渐渐老去的父母，体谅他们，以反哺之

心奉敬父母，以感恩之心孝敬父母！哪怕只是为父母换洗衣服，为父母喂饭送汤，为父母搽搽风湿油，按摩按摩酸痛的腰背。哪怕只是握着父母的手，搀扶着他们一步一步地慢慢散步，就像当年他们搀扶着蹒跚学步的我们。好好地爱父母，让我们的父母幸福、快乐地度过余生吧，一定不要留下“树欲静而风不止，子欲养而亲不待”的遗憾。

另外，“孝”还应建立在“敬心”之上，孝顺父母要真心实意，如果只有物质奉养而无精神慰藉，也不能称得上是“孝”。一般来说，父母进入年中老以后，体力和精力都不及从前了。所以，做子女的要多关心体贴父母，尽可能地为父母分担家务劳动，自己料理好个人生活，不让父母操心，减轻父母的负担。同时，当子女的，还应该经常关心父母的身体健康，嘘寒问暖。当父母生病时，更需要细心照料。父母遇到不称心的事，要热心地为他们分忧解愁。父母年老体弱、丧失劳动能力以后，理应得到子女更多的照顾。既要在物质上给予充分的帮助，更要在精神上关心、体贴老人。

作为为人之本，孝贯穿于人类生活的始终，而理解与宽容则是尽孝的一贯精神。一个不能理解父母，只是固执已见的人是难以真正对父母尽孝的。因为他和父母生活在两个相互隔绝的心灵世界中，这是很尴尬、很悲哀的一件事。而要想真正理解父母还在于善于接受父母的意见，实现他们的心愿。因为，孝的根本就在于愉悦父母，而我们在父母身心愉悦的过程中，自己也获得了一种人生价值的实现和心灵的满足。

作为子女，记住老人的生日是对父爱、母爱的一种回报，是尊老敬老的具体表现。物质赡养和精神赡养构成了“孝”的内涵，这两者是密不可分的，而精神赡养有时比物质赡养更重要，为老人过一个热热闹闹的生日则是这两者相互结合的生动体现。

生日，是一个人的生命痕迹，是人生的阶段性印记。庆贺生日这一形式，体现着人性关怀的色彩。少年儿童的生日是成长的欣喜，犹如破土而出的幼苗生机勃勃；青年人的生日是激情的迸发，犹如美丽的花朵绽放着青春和浪漫；中年人的生日是拼搏的颂歌，犹如莽莽的森林般深沉和厚重；而老人的生日是生活的恋歌，犹如辉煌的落日，在炫目的金色中浸润着淡泊宁静和依依不舍的忧愁。老年人已进入人生的“丧失期”，过一年就少一年，因而为他们过生日就显得弥足珍贵。于是，我们更有理由记住老人的生日，因为这意味着记住了自己的责任、爱心和孝心，更记住了人类文明的真谛。

的确，记住父母的生日也是一种孝的表现，可是，众所周知，所有的父母都能够记住子女的年龄、生日，可是，是否所有的孩子都能够记住父母的年龄呢？就算能够勉强记住父母的年龄，又有多少人能够记得住父母的生日呢？

某调查机构对100名40岁以下的中青年人进行了一个对家庭成员生日、年龄记忆的测试，调查结果显示，100人中有57人不知道父母生日，74人不知父母的具体年龄。可是，当问及孩子和爱人的生日及年龄时，几乎所有人都能迅速、准确地回答出来。

记住孩子和爱人的生日无可厚非，亦是亲情使然。然而，多达57%的人忘记了父母的生日，这是应该引起年轻人深思的。

其实，父母的要求并不高，或许只是需要你常回家看看，一句随意的问候——“爸、妈，你们好吗？”一起坐下来吃一顿家常便饭，陪母亲逛逛街，唠唠家常，帮爸爸捶捶后背、揉揉肩……他们就无比满足了。而不是像中央电视台那则公益广告《都忙都忙》中的老人那样，做了一桌子饭菜等儿女们回来，儿女们一个个有事又不回家吃饭，老人只能在一间空旷的大房间里，对着电视机怅然若失。

总之，无论社会如何发展，无论时代如何变化，孝敬父母，永远都不应该成为落后于时代的思想，成为不符合现实的“古董”，而应该成为我们永远遵循的最基本的道德修养准则。“孝”是营造和谐家庭、亲融社会关系的贴身法宝。只有我们与父母的关系融洽了，只有我们的家庭关系和睦了，我们的整个社会才能够和谐、稳定。

素心小语

人们常说，父母恩最难报。愿我们每一个人能以当年父母对待小时候的我们那样，耐心、温柔地对待渐渐老去的父母，体谅他们，以反哺之心奉敬父母，以感恩之心孝敬父母！

第8辑

振作精神，笑对人生
——存一颗乐观心

大思想家詹姆斯说：“我们这一代最伟大的发现，就是人类可以凭借改变态度而改变自己的命运。”归根结底，命运的主人还是我们自己，我们要做自己的主人，你选择什么样的态度，往往就有什么样的结果。所以说，悲观者的生活将毫无希望，而乐观者即使受挫，也会在转角处看见光明。

1. 精神可以击垮厄运，情绪可以支配人生

每个人都有改变自我的能力，只要我们能够意识到自我的不足，我们就会改变自己。

在这个世界上，每个人的性格千差万别，情感也是各有不同，胆大或胆小，内向或外向，乐观或悲观，自信或自卑，它们并不单单取决于所谓的遗传基因，更多的在于后天的陶冶和磨炼。

根据心理学家的调查表明，至少75%以上的成年人都认为自己的一系列情感，如愤怒、兴奋、快乐、埋怨、恐惧都是自然形成的，是无法选择和控制的，于是，他们便听天由命，任由感情摆布。这正好说明大部分人的情感和性格是由外界的环境等因素所掌控的。事实上，我们不但能够磨炼自己的性格，也可以选择自己的情感。只要我们用远大的目光去认识和看待我们生存的这个世界，用顽强的毅力去改造我们周围的环境，用豁达的心情去认知和感悟我们的一切遭遇，我们就一定能够清除自己心理上的障碍和阴影。

生活中许多的烦心事、哀愁和不如意常常都是"自寻烦恼"、"庸人自扰"的结果。有些看起来复杂的事情其实根本不重要，只是我们对生活的理解不够豁达宽容，而使某个问题成了一条捆绑生命活力的锁链。

精神可以击垮厄运，情绪可以支配人生，只要我们选择和酿造豁达乐观、积极向上的情绪，我们就会在人生的旅途中走向快乐、走向成功。

当一个人能从心里对自己的生命充满感激意识时，他所散发出来的魅力能让世间所有的人感动。

有一个伟人曾说：“当鞋合脚时，脚便被忘却了。”太多的时候，我们的生命处于被遗忘的状态。太刻意于外在的东西，内在的宝贵便淡化了。事实上，在上天赐予我们生命的时候，也赋予了我们快乐的能力。人之所以痛苦的根源在于心灵上的难以满足，对生命有太多的不满和抱怨，唯独少了一份感谢，快乐也因此与他们无缘。

有一个人每天都很苦恼。有一天黄昏，他经过一座小桥，看见了一个木推车，车上有一个又丑又胖的女人，那女人坐在车子上，怀里搂着她儿子（肯定是她儿子，因为小男孩的长相就是那女人的翻版），周围还有破箱子、破麻袋、草席、水桶、饼干盒、汽车轮等，她被大包小包“前呼后拥”地围着。

那男人（想必是她丈夫）龇牙咧嘴地推着车子，黄褐色的头发湿淋淋地贴在尖尖的头颅上，打着赤膊，夕阳下的皮肤红得发亮，半长不短的裤子松垮垮地吊在屁股上。男人推木推车上桥时，他的裤子掉了下来，露出半个屁股。

男人都快累死了，那胖女人坐得心安理得，还优哉游哉地吃着雪糕呢！又黑又亮，结实得铁棍似的手臂里的小男孩，时不时把母亲拿着的雪糕抓过去咬一口。母子两人在木推车上争着吃，脸上尽是笑。女人笑得眼睛更小、鼻更塌、嘴巴更大，脸上可能搽了粉，黑不黑，白不白，有点灰有点青，粗硬的头发让风吹得在头顶纠成一团，而后面那瘦男人看得那么开心。

突然，不知怎么回事，木推车不听话地直往桥头一棵椰子树冲去，男人直着脖子拼命拉，裤子都快掉下来了，木推车还是向椰子树一头撞去，女人手中的雪糕糊了她跟小男孩一头一脸。谁知那男人一手丢了木推车，望着车上的母子俩大笑，女人一边抹去脸上的雪糕水一边咒骂，一边跟着笑。

看着这一家三口笑得前仰后合，烦恼的人也会烦恼尽忘，同他们一起大笑起来。

是啊，管什么男的要讲风度，女的要讲气质，什么人生的理想、生活的目标，什么经济不景气，借人家十万会不会被逼债？这一家三口，男人的黄发和木推车以及车上的蛤蜊和黑白仔告诉我们，他是捕鱼郎，女人大概是摆地摊的小贩，他们每天快快乐乐地出海摸蛤蜊，快快乐乐地赶集摆地摊，然后跟着夕阳回家。

再丑又有什么关系呢，再穷又能怎样呢，只要内心是快乐的，谁能让你悲伤呢？

当一个人对自己的生命充满了发自内心的感激时，他所散发出来的魅力能让世界上所有的人都感动。

杰米·杜兰特是伟大艺人之一。他曾被邀参加一场慰问第二次世界大战退伍军人的演讲，但他告诉邀请单位自己行程很紧，连几分钟也抽不出来；不过假如让他做一段独白，然后马上离开赶赴另一场演讲的话，他愿意参加，安排演讲的负责人欣然同意。

当杰米走到台上，有趣的事发生了。他做完了独白，并没有立刻离开，掌声愈来愈响，他没有离去。他连续演讲了15分钟、20分钟、30分钟，最后，终于鞠躬下台，后台的人拦住他问道：“我以为你只讲几分钟哩！怎么回事？”杰米回答：“我本打算离开，但我可以让你明白我为何留下，你自己看看第一排的观众便会明白。”

第一排坐着两个士兵，两人均在战争中失去一只手。一个人失去左手，另一个则失去右手。他们正在一起鼓掌，而且拍得又开心，又响亮。

无论是失去了手的士兵，还是那对又穷又丑的夫妇，他们身上体现了一种对自己的热爱以及对生命的珍惜，这都来自于他们对生命的感激。

那么，如果我们还活着，如果我们还不是特别的穷困潦倒，如果我们还有健全的四肢，我们有什么理由不对生命充满感激呢？

人生快乐也是一辈子，痛苦也是一辈子，那我们为什么不让自己活得快乐一点呢？

生活中，人总是在追求最大的幸福，具体地说，是在不断地提高自己的物质生活水平。然而，太多的时候，生活并不是一帆风顺、事事如意。王子和公主的浪漫和幸福只是写在童话里的，那只是人们对美好生活的一种向往。

大部分人误以为金钱是幸福的象征，也许我们正羡慕着别人的洋房、洋车以及手里大把大把的钞票，但太多的例子证明，钱并不能使人感到最大程度的幸福。我们可以用钱买来舒适的床铺，但买不来良好的睡眠；我们可以用钱买来高档的化妆品，但我们买不来美丽；我们可以用钱买来漂亮的房子，但我们买不来幸福的家；我们可以用钱买来昂贵的保健品，但买不来健康。

因此，我们无法用金钱买来幸福，幸福不是写在我们脸上的，而是自己从心底感觉到的。

有人曾说过，“人之所以幸福，是他的心灵感到幸福。”幸福其实很简单：它是家庭餐桌上的欢歌笑语；是我们生病时，亲友一句亲切的问候和祝福；是花前月下情人的牵手漫步；是和心爱的人白头到老。

幸福是一种感觉，它就藏匿在我们生活的空间中，是生活点点滴滴的汇聚。因此，如果每个人都知道乐观积极的态度可以使我们拥有幸福、希望、勇气和力量的话，就应该努力获取我们真正想要得到的东西。

素心小语

精神可以击垮厄运，情绪可以支配人生，只要我们选择和酿造豁达乐观、积极向上的情绪，我们就会在人生的旅途中走向快乐，走向成功。

2. 逆转思维心态，生命将充满阳光

事都有多面，按常规思考、以初衷衡量是挫折、是困境的事情，如果你能倒过来想想，从有利的一面看，思维就豁然开朗了。

有两个观光团到日本伊豆半岛旅游，那里的路面凹凸不平。其中一位导游连声抱歉，说路面简直像麻子一样。另一个导游却诗意盎然地对游客说：“各位，我们现在走的这条道路，正是赫赫有名的伊豆迷人酒窝大道。”

世界本身是没有问题的，障碍是由你的思想造成的。决定你人生高度的不是你的学历、背景、资历、经验，而是你看事情的角度。同一种状况，由于不同的思维，导致了不同的态度。

两个农民坐火车外出打工，一个想去上海，一个打算去北京。在候车厅时，他们听人议论说，上海人精明，外地人问路都收钱；北京人淳朴大方，见有乞讨者，不仅给钱，还为其买食物、送衣服。于是，本来要去上海的那个人想：还是北京好，就算挣不到钱，也不至于饿死。而将要去北京的那个人也在琢磨：还是上海好，给人指路都能赚钱，可见遍地都是商机。他们都想退票，结果在退票窗口相遇了。原来要去北京的得到了去上海的票，去上海的得到了去北京的票。

去北京的那个人发现，北京确实不错，他一个月都没找到合适的工作，整天闲着，竟然没饿着。不仅银行大厅里的水可以白喝，而且大商场

里欢迎品尝的点心也可以白吃。

去上海的那个人发现，上海哪里都暗藏商机。开厕所可以赚钱，卖水也可以赚钱。他从郊外弄来一些含有腐殖质的泥土，以“花土花肥”的名义出售，一天就赚了50元钱。后来，他有了自己的第一间门面房，有了自己的第一个公司、第一个分公司。他的生意越做越大，逐渐拓展到上海、南京、广州等城市。

一次，他坐火车去北京考察市场。在人群川流不息的北京站，一个脏兮兮的人伸手向他要钱，就在他抬头的瞬间，两个人都呆住了。因为五年前，他们曾换过一次票。

你觉得这个故事可笑还是让人心酸呢？同样是农民出身，由于思维不同、心态不同，他们在短短的五年内，生活发生了翻天覆地的变化。他们的区别在哪里？本来要去上海的人被惯性思维所控制，把“精明”不假思索地认为是“不善”，把“淳朴大方”直接想成对自己“无害”，按理说这个想法是常态思维的必然结果，但正是这个想法使得他失去了前进的动力；相反，本来要去北京的人却倒过来想——“精明”说明机会多。逆思维给他带来了机会，最终成就了他。

有个父亲嗜酒如命，不务正业。奇怪的是，他的两个孩子在相同的环境中长大后，一个成了律师，一个却沦为囚犯。有人问他们何以到今天的地步时，两人的答案惊人的一致：“谁让我们有那样一个父亲呢！”

“谁让我们有那样一个父亲呢！”在这里，一个孩子因为有这样的父亲而破罐子破摔，一个要改变命运，使自己成为强者。有人说过，真正左右你的并非周围的环境，而是你的思维和心态。确实如此。每个人对环境的理解不尽相同，有的人悲观消积，有的人激情昂然，有的人浑浑噩噩，有的人茫然无措。如果你不以俗眼视逆境为阻力，而将其视为向上的动力，那么，你就可以慢慢步入平坦的大道。如此看来，你是顺思维而想还是逆思维而动，结果还真是大不一样。

雨后，一只蜘蛛艰难地向墙壁上已经支离破碎的网爬去。由于墙壁潮湿，每当它爬到一定高度就会摔下来。蜘蛛一次次地往上爬，一次次地摔下来……第一个人见此情景，哀叹道："我难道不像蜘蛛一样吗？一生碌碌无为。"于是，他更加消极起来。第二个人看到后，嘲笑道："这只蜘蛛太愚蠢，它完全可以从旁边干燥的地方绕一下爬上去呀，我以后可不能像它那样愚蠢了。"于是，他变得聪明多了。第三个人目睹蜘蛛的这些行为后说："一只蜘蛛尚且能不畏挫折，屡败屡战，我更应勉励自己，战胜磨难！"于是，他变得坚强起来。

思维的毁灭力是巨大的，而创造力也是无限的。当我们身处的环境无法改变的时候，唯一可以逆转的则是我们的思维心态；当我们无法预知生活的突发情况时，最好的方式就是接受它，然后看到它的另一面。只要你掌握好"顺"和"逆"的方向盘，生命的阳光就会更加灿烂。

素心小语

世界本身是没有问题的，障碍是由你的思想造成的。决定你人生高度的不是你的学历、背景、资历、经验，而是你看事情的角度。同一种状况，由于不同的思维，导致了不同的态度。

3. 生活就是要让自己快乐，而快乐来自内心

有一位老师教小学生写作文，题目是“快乐是什么”。一个小女孩写道：“快乐就是在寒冷的夜晚钻进厚厚的被子里。快乐就是让自己快乐。”是的，快乐就是让自己快乐。

人是需要享受生命的。无论我们多忙，我们总有时间选择两件事：快乐还是不快乐。早上起床的时候，也许我们自己还不晓得，不过我们的确已选择了让自己快乐还是不快乐。

历史学家维尔·杜兰特希望在知识中寻找快乐，却只找到幻灭；他在旅行中寻找快乐，却只找到疲倦；他在财富中寻找快乐，却只找到纷乱忧虑；他在写作中寻找快乐，却只找到身心疲惫。有一天他看见一个女人坐在车里等人，怀中抱着一个熟睡的婴儿。一个男人从火车上走下来，走到那对母子身边，温柔地亲吻女人和她怀中的婴儿，小心翼翼地不敢惊醒孩子。这一家人开车走后，留下杜兰特沉思着望着他们离去的方向。他猛然惊觉，原来日常生活的一点一滴都蕴藏着快乐。

相爱的托尼和欧莱娅，组建了自己的小家。但是他们生活比较贫困，为了让欧莱娅过上幸福美好的生活，托尼不得不在新婚不久就忍痛离开家，去很远的地方谋生。欧莱娅答应托尼在家安心等他回来。

托尼工作十五年后，临行时老板没给他发工资，而是给了他三条忠告和三块面包。

这三条忠告是：第一条，人生永远没有捷径可走，便捷的道路可能使你命丧黄泉；第二条，永远别对可能是坏事的事情生好奇之心，好奇心也可能要了你的命；第三条，永远别在自己痛苦的时候做出决定，那样会后悔的。

老板给托尼的三块面包，两块让他路上吃，另一块等他回家后和妻子一起吃。

在远离自己深爱的妻子和家乡十五年后，托尼踏上了回家的路。

一天后，他遇到了一个人，那人说："你要走三十多天的路，这条路太远了。我知道有一条小路，几天就可以到了。"正当托尼准备走小路的时候，突然想起了老板的忠告，于是他没选择走小路，后来得知那个人让他走所谓的小路只是一个圈套而已。

几天后，他走累了，发现路边有家旅馆，他打算住一夜，交房钱后躺下睡了。睡梦中，他被一声惨叫惊醒了。他觉得奇怪，就跳了起来，想去门口看看发生了什么事，刚走到门口，又想起老板的忠告，于是没有去看，回到床上睡觉了。

第二天，店主对他说："我的独子犯疯病，他昨晚大叫着引客人出来，然后把他们杀死了。"托尼感到很恐怖，也很庆幸。

他接着赶路，终于在一天的黄昏，他看见了自己的小屋，还依稀看见想念的妻子。虽然天色有些暗，但他仍然能看清妻子不是一个人，还有一个男子和她在一起，而且两人还很亲密。看到这一幕，他很生气，真想跑过去杀了他们，这时他又想起老板的忠告，于是没过去。决定在原地露宿一晚，第二天再作决定。

天亮了，已恢复冷静的他对自己说："我不找我变心的妻子了，我还是远走吧。但我要告诉妻子我始终忠于她、想着她。”

托尼走到家门口，敲了敲门，是妻子欧莱娅开的门，欧莱娅认出了丈夫，扑到他怀里，紧紧地抱住他，随后让儿子见过父亲。原来，托尼走的时候，欧莱娅刚刚怀孕，现在儿子已经15岁了，个子长得很高。托尼有说不尽的欢喜。

接着，一家人坐下来一起吃面包，托尼把老板送的让他和妻子一起吃的那块面包掰开，发现里面有一笔钱——那是老板给他的工钱。

可以看出故事中主人公托尼的欣喜与快乐并不是与金钱相关的。快乐是来自内心，而不是存在于外在。

生活就要让自己快乐，日常生活的一点一滴都蕴藏着快乐。

素心小语

人是需要享受生命的。无论我们多忙，我们总有时间选择两件事：快乐还是不快乐。早上起床的时候，也许我们自己还不晓得，不过我们的确已选择了让自己快乐还是不快乐。

4. 不要放大挫折，它未必像我们想象得那么糟

在这个科技不断发展、竞争白热化的时代，我们每个人随时都面临被淘汰的局面。经济危机、就业危机使我们中的一部分人陷入了无限的焦虑，甚至是恐惧，这种情绪给我们的心理施加了压力，进而导致了我们悲观绝望的心态。我们应当努力克服它，学会在黑暗中寻找光明。

生活中失败和挫折是难免的，问题的关键是当挫折和失败来临时，我们应该仔细地分析它，进而得到解决问题的方法。千万不要放大挫折，事情未必是我们想象的那么糟，更不要把失败归结于命运，认为所有的挫折都是冥冥之中注定的。否则，在困难面前，我们会失去主动权而变得尤为被动。

在美国的一个小镇，有一位在市场上卖香蕉的小贩，由于他人缘特别好，再加上他所卖的香蕉品质上乘，所以生意一直非常好。有一天，在市场的一个角落突然冒出了火苗，并四处燃烧起来。还好消防车来得快，很快地把火扑灭了，所以火苗并没有烧到这位卖香蕉小贩的摊位。但是由于温度过高，隔了没多久那些香蕉的表皮上全都长满了一些黑色的小斑点，虽然肉质并没有变坏，但是看起来总是不雅。谁还会买来吃呢?

小贩眼看着就要亏本，心中十分懊恼。但问题既然发生了，总是要解决的，他相信一定会有办法。趁市场重新整修之际，他换了个地方继续卖香蕉，结果竟然还销售一空了。

原来当他一筹莫展望着香蕉的时候，突然灵感闪现。他想：香蕉上长满了黑色小斑点，远远看去就好像芝麻撒在香蕉上一样，既然如此，为什么不给它取个“芝麻蕉”的新名称？结果引起了大家的好奇，大家相信这种香蕉一定是更香更甜，味更美，所以争相购买，成了畅销品。

通过这个故事，我们是否悟出这样一个道理：在困境中如果能保持乐观的想法，那么，我们终究会获得摆脱困境的方法。如果只盯着当时不好的局面，让困惑笼罩，问题不但不会得到解决，反而会更加恶化。当我们为没有鞋穿而苦恼时，有人已失去了脚；当我们为没有脚而痛苦时，也许有人连生命都失去了。

有尊佛像与其他的佛像大异其趣。他光着大肚皮坐卧于地，咧嘴露牙地捧腹大笑，看起来特别具有亲和力及喜悦感。他便是“大肚能容”的弥勒佛。

弥勒佛之所以有令人敬服的特质，就在于他的“豁达大度”。一件事有许多角度，如有好的一面，亦有坏的一面；有乐观的一面，亦有悲观的一面。若凡事皆能往好的、乐观的方向看，必将会希望无穷；反之，一味往坏的、悲观的方向看，定觉兴致索然。

凡事往好的方面想，自然会心胸宽大，也较能容纳别人的意见。宽大的心胸，不但可以使自己从另外的角度去看事情，更能使自己过上悠然自得的日子。

所以，不要在困难挫折来临时只知道沉浸在痛苦中了，如果你自己不主动改变，不主动寻求光明的话，没有人可以帮你走出黑暗。如若能乐观地面对问题，你就可能找到问题的突破口，让阳光照射进来。

素心小语

生活中失败和挫折是难免的，问题的关键是当挫折和失败来临时，我们应该仔细地分析它，进而得到解决问题的方法。千万不要放大挫折，事情未必是我们想象的那么糟，更不要把失败归结于命运，认为所有的挫折都是冥冥之中注定的。否则，在困难面前，我们会失去主动权而变得尤为被动。

5. 用乐观的眼光来看待生活中的一切

高情商者的特征之一就是拥有乐观的心态。在他们的眼中，一切都是那么美好。他们的生活中没有苦难，因为他们可以从苦难中发现快乐，甚至享受；他们的天空也永远不会乌云密布，因为他们总是可以从这里或那里瞥到一丝穿透乌云的阳光；即便是有一天，太阳被层层厚重的乌云所遮盖，他们也不会感到丝毫的恐惧，因为，他们的心中会一直相信，太阳就在那乌云之上，永远不曾、也不会消失。

拥有这种品格的人是令人羡慕的。他们的眼里，始终闪烁着不灭的光芒——那是快乐的光芒、喜悦的光芒、虔诚的光芒、睿智的光芒——随便你怎么定义。他们的心中永远充满着阳光，意志随着心的色彩而飞扬。当面对责任时，他们会勇敢、乐观地去承担，而不是被烦恼、苦闷、压抑的情绪所包围，他们会坚毅地勇往直前，在完成责任的道路上不断收获，不断进取。

有人认为这种人是浅薄的，根本不堪一击，可以说这种想法是极其错误的。通常，我们认为最宽容的品格同时也是最乐观、最仁爱、最充满希望和最可信赖的品格。只有睿智、宽容的人，才能够最快地看到穿透人性最黑暗一面的道德光芒。因此，当面对邪恶时，他可以预见到美好；面对病痛时，他可以看到心灵深处为恢复健康而付出的努力；面对诱惑时，他会看到责任，并用严格的自律赶走它；面对苦难的折磨时，他会从中得到勇气和才智。

当杰里米·泰勒失去了所有的东西——他的房子被扣押，一家人被赶出去，无家可归，他在这个世间所有的财产都被没收——他仍然可以这样写道：“我落入了强盗的手里，他们夺走我所有的东西，我该怎么办呢？我还有什么呢？让我看看。对了，他们至少把太阳和月亮留给了我，还有我可爱的妻子；我还有很多朋友，他们都很同情我，有些还帮助了我；我仍然可以去演说，另外，最重要的一点就是，他们没有夺走我的快乐、乐观的精神以及我的良知；他们留给我的是永远属于我自己的东西：上帝的眷顾、祝福和承诺，我的信仰，我对天堂的希望，我对那些强盗们的仁慈；除此之外，我每天还可以像往常一样睡觉，我的胃一如既往地消化食物，我还是一样地吃饭、喝水、读书、思考……那些沉醉于自己欲望的人，一定会找到种种合理的借口，他们一定对苦难和暴躁情有独钟，不是吗？为了追求自己欲望的满足，他们整日里惴惴不安，如坐针毡。”

尽管一个人乐观的品格多半是与生俱来的气质，但是它也可以像我们的其他生活习惯一样，慢慢锻炼，逐渐培养。

生活可以是丰富多彩的，也可以是低沉落魄的，这主要取决于我们自己从生活中体会到的是快乐，还是磨难。

由此可见，我们总是可以从两个方面来看待生活——积极、灿烂的一面和消极、阴郁的一面。我们也可以借助意志的力量来做出这一选择，是培养乐观、积极地生活态度，还是相反，消极、悲观地面对生活。我们要时刻鼓励自己，用乐观的眼光而不是悲观的态度来看待生活中和周围的一切事物。当我们看到满天的乌云时，千万不要错过天边那一抹明亮的光。

不要磨灭你眼中希望的光，它投射出的明亮、美丽和快乐会照亮你生活的每一个角落。当你感到寒冷的时候，它可以给你温暖；当你遭受苦难的时候，它会给你抚慰；当你觉得困惑时，它将为你指明道路；当你萎靡不振的时候，它可以让你重新振奋，去面对生活的挑战。它能让你的智慧闪烁出更加明亮的光芒，可以让你的生活焕发出无穷的光彩。相反，没有了它，你的生活将无法感受到阳光的温暖，一切的创造也会变得死气沉沉、空洞且没有意义。

素心小语

我们总是可以从两个方面来看待生活——积极、灿烂的一面和消极、阴郁的一面。我们也可以借助意志的力量来做出这一选择，是培养乐观、积极地生活态度，还是相反，消极、悲观地面对生活。我们要时刻鼓励自己，用乐观的眼光而不是悲观的态度来看待生活中和周围的一切事物。当我们看到满天的乌云时，千万不要错过天边那一抹明亮的光。

6. 忧郁是心灵的感冒，要及时加以治疗

再光亮的玻璃也会有模糊的一天，再阳光的心灵也会遭到悲伤的侵入。我们怀揣着忧虑的心情走在人生的路上，不知道在下一站以后会遇到什么样的景致，忧郁就会悄悄爬上微蹙的眉头。

偶尔的忧愁也许会让你的眉头微蹙，然而这却是必要的，正如夏日午后的一场大雨，让备受烈日炙烤的生命得到了暂时的舒缓。情绪的低落是压力过大的表现，此时内心的烦闷其实是一种减压的方式，好的心情在沮丧过后又会陪伴在你的左右。但如果这忧愁持续的时间太久，很可能就会变成一种叫作忧郁的东西，它会让你心灵因持续受煎熬而不能自拔，最终迷失了自我，丧失了对生命的向往以及对生活的渴望。忧郁是心灵的感冒，如果不及时加以治疗，很可能会引发更严重的心理疾病。

抑郁寡欢不是内向或者个性孤僻者的专利，很多时候，一些性格开朗的人也会陷入深深的忧郁之中，导致日常生活不能正常运行。究其原因，不外乎生存压力过大，过度亢奋的情绪过于配合周围的气氛，在不知不觉中丢失了自我。当然，性格孤僻的人则更容易陷入忧郁的情绪。一时的不快如果没有得到及时的开导与缓解，很有可能弥漫于整个心灵，慢慢地便会走向忧郁。

戴尔·卡耐基就曾经是一名忧郁症患者。由于家境贫寒，戴尔在小时候就有比其他孩子更多的忧愁与烦恼。他从小惧怕死亡，电闪雷鸣的天气

会让他认为是自己生命末日的来临。戴尔长得不够帅气，一位叫山姆·怀特的家伙声称："总有一天，我要剪断你那双讨厌的大耳朵。"戴尔信以为真，每日为这些忧虑着，时常不能入睡。进入青春期以来，戴尔的内心又多了新的忧愁，他非常渴望能够与女孩子交往，然而当他真的在和女孩交谈的时候，又会表现得局促不安，他总是担心自己在婚礼上会有怎样的表现。他回忆说："我想象着我们在某个乡村教堂举行婚礼，然后搭乘车顶缀有饰品的四轮马车返回农场……我无法想象我在返回农场的途中说什么，我又怎样才能使我们的谈话继续下去……"直到1948年，戴尔还说："当我微微举帽向她们打招呼时，我忧虑着女孩子们将对我笨拙的动作和不敢恭维的声音而嘲笑我……"

戴尔·卡耐基之所以患上忧郁症，不仅与他的成长环境息息相关，更重要的是因为他没有丰富的社会经验，也没有长期的人生体验，对世界的看法太简单，对人生的态度也过于消极。随着在社会上的闯荡以及眼界的开阔，戴尔终于在漫长的人生磨砺之中克服了忧郁症，而且还从他个人的经历中汲取了许多经验和总结，写出了《摆脱忧郁的方法》，风靡全球。时常会有人抱怨，现代人的生活节奏过于紧凑，学习和工作压力也越来越大，这直接导致了人们每日都处于奔波与繁忙的状态之中，烦闷的时候少了一点沟通，抑郁的时候少了一些理解。人与人之间的交流越来越少，人情也越来越冷漠，这样的生活环境的确容易让人陷入忧郁。可是，生活就一定要这样过下去吗？我们真的忙到没有时间微笑，没有力气交流了吗？

缓解负面情绪的方式很多，也很简单。生气的时候静下心来想一想事情的来龙去脉，等理清了头绪之后，愤怒的情绪也已经烟消云散；烦闷的时候与朋友一起去看场电影或是听一场音乐会，让不快乐的情绪在笑声中终结，在旋律中溶解；悲伤的时候读读书，与作者在文字中交流，或者与朋友在现实中相互倾诉，这样你很快就会高兴起来的。

其实很多时候，负面情绪都可以用适当的方式得到有效的控制，从此不再蔓延，也阻挡了它演变为忧郁的通道。偶尔皱一皱眉头可以让你心中的不快乐表现出来，也可以让身边的人看出你的忧愁而为你解惑，但是请记住：千万别让忧郁爬上你微蹙的眉头。

素心小语

情绪的低落是压力过大的表现，此时内心的烦闷其实是一种减压的方式，好的心情在沮丧过后又会陪伴在你的左右。但如果这忧愁持续的时间太久，很可能就会变成一种叫作忧郁的东西，它会让你心灵因持续受煎熬而不能自拔，最终迷失自我，丧失了对生命的向往以及对生活的渴望。忧郁是心灵的感冒，如果不及时加以治疗，很可能会引发更严重的心理疾病。

7. 人的苦恼通常来自不合理的认知

现代人总爱自寻烦恼，这是何故？美国心理学家曾提出四点假设：

①自寻烦恼是人的本性。人并不完全是理性的动物，人常为情绪所困扰，而困扰的原因多半是来自自己，很少是由于外界因素造成的。

②人有思考能力，但在考虑自身问题时，则多表现出心态上不平衡的倾向。对与自己息息相关的事，往往做过多的无谓思考，这是困扰自己的根源。

③没有事实根据，单凭想象就可形成自以为是的信念，这是人有别于其他动物的特征之一。这种无中生有的想象力过于丰富，就会使人陷入无尽的烦恼中。

④人有自毁倾向，同时也有自救能力，合理的情绪疗法可以通过转化前者来帮助发展后者。

每个人都有理性的一面，同时也有非理性的一面。人生来都具备以理性信念对抗非理性信念的能力，但又常常被非理性信念所干扰。也就是说，每个人都有不同程度的不合理信念，只不过有心理障碍的人所持有的不合理信念更多、更复杂而已。然而，就是这种不合理的思维造成了心态上的不平衡。我们所能感觉到的世界只是整个世界的一小部分，由这一小部分所得出的观念往往是不正确的，但人们又总是把这些不正确的观念当作生活真理，结果使自己陷入了不必要的苦恼之中。

有一个和尚，每次坐禅都感觉有一只大蜘蛛在干扰他，他想赶走它，但总是束手无策，这使他很烦恼。师父知道后，让他在坐禅前先预备一支笔，等蜘蛛来时就在它身上画个记号，以便知道它来自哪里。和尚照办了，等他坐禅完毕，一看原来记号画在了自己的肚皮上。这个故事告诉我们，烦恼就源于我们自己。

我们在生活中几乎都有这样的体会：同样的事情作用于不同的人身上往往会引出截然不同的行为反应。为什么呢？原因就在于在刺激与反应之间存在着一个重要的因素，那就是认知。由认知对刺激做出解释和评价，使刺激具有了意义，人再由这种认知意义做出相应的行为反应。

为了便于理解这个道理，下面我们以离婚为例进行分析。

离婚是个事件刺激源。对这一刺激源的认知不同，将导致不同的行为反应。

如果认为离婚说明自己所选择的人生道路是走不通的，离婚使自己的幸福梦想破灭。“一失足成千古恨”，想从头再来已经不可能了。结果只会悲观失望，陷入痛苦的深渊难以自拔，严重者会引发抑郁症。

假如认为对方坚持要与自己分手，只是因为自己没有什么优点和长处可以吸引人，于是从此就很自卑，在今后与异性的交往中也变得被动、悲观，甚至怨天尤人，就会给整个人生蒙上一层阴影。

假如认为离婚是一件很丢人的事，结果就很容易使自己进入一种惶惶不安的状态，总以为别人对自己另眼相看，瞧不起自己，总觉得背后有人对自己指手画脚，总想躲避众人的视线。

假如认为离婚说明了人是不可信的，男人都是忘恩负义的东西，或者女人都具有喜新厌旧的本性，结果就会以一种无所谓的态度游戏人生。

素心小语——如果心不净，怎么过都是烦

假如认为离婚是现代社会流行的事，很多名人都有离婚的经历，有的已经离过几次婚。人这一辈子什么事情都应该尝试一下，没离过婚同样也是人生的一大遗憾，结果就会对离婚的反应很平淡，并有可能在平淡之中还带有一丝兴奋。

假如认为对方没有良心，自己把什么都给了他，没想到对方竟然忘恩负义、喜新厌旧，玩弄和欺骗了自己的感情，结果就会怀恨对方，甚至流露出报复的思想。

假如认为离婚终于使自己从痛苦的婚姻中解脱出来，从此又自由了，又有选择的机会了，凭着这次失败的婚姻给自己留下的经验，相信再处理婚姻问题时一定会更加成熟，那么离婚带来的就会是解脱与成长。

通过上述分析。我们可以看出，事件本身并不是行为反应的根源，对事件的认知才是行为反应的直接原因。人的苦恼通常来自人的不合理认知，这就是所谓的“天下本无事，庸人自扰之”。

素心小语

我们所能感觉到的世界只是整个世界的一小部分，由这一小部分所得出的观念往往是不正确的，但人们又总是把这些不正确的观念当作生活真理，结果使自己陷入了不必要的苦恼之中。

8. 换一种角度来思索失去与得到的错位

人最纠结的乃“得不到”和“已失去”。周国平在《生活的态度——不占有》一文中指出：“人的天性是习惯于得到，而不习惯于失去的。我们比较容易把得到的看作是应该的，把失去看作不应该的，不正常的。所以，每有失去，就不免感到委屈。所失愈多愈大，就愈委屈。我们暗下决心要重新获得，以补偿所失。”

你也是这样吗？丢了心爱之物难过不已，一心想把它找回来？恋人跟你说“拜拜”后，你感到整个世界都塌了？你想要什么，一直未能如愿？你不甘“得不到”和“已失去”，却又无力将其挽回，于是你陷在痛苦中难以自拔？时间回不到开始的地方。对于已经错过的一些东西，或许不用再试着去挽留，错过就错过了；对于得到，你应该充满感激。你何不逆向思考——把失去的当作不要的，或视为本来就不属于你的？

有个老人坐火车，不慎将刚买的皮手套掉了一只到窗外。正当周围人为他感到惋惜时，老人出人意料地将另外一只也从窗口扔了下去。老人解释说：“这一只手套无论多么昂贵，对我而言已毫无用处了，如果有谁能捡到一双手套，说不定他还能戴呢！”

的确，失去的已经失去，何必为之大惊小怪或耿耿于怀呢？懊悔、痛惜都不能让失去的东西回来，也不能感动上苍，再多的伤痛和计较只会加重悲伤，甚至还会让人失去更多。泰戈尔有句诗：“如果你因为错过月亮而哭泣，那么你也将错过群星。”既然这样，最明智的做法就是接受现实。

据说在一个偏僻的小镇，有一种特别灵验的泉水，喝下之后可医治百病。一天，有个只有一条腿的军人拄着拐杖来到镇上。当他向人打听泉水在何处时，对方问他：“小伙子，难道你要向上帝请求再有一条腿吗？”军人淡定地说：“我不是要向上帝请求有一条新的腿，而是要请求他帮助我，教我没有一条腿后该如何过日子。”

这位军人接受了残酷的现实，并勇敢地去正视它。泰戈尔诗云：“我不愿乞求心灵上的创伤消失，但愿我能战胜它。”失去并不意味着失败，失去后还可以重新拥有，这样才能成为生活的强者。

换一种角度来思索失去与得到的错位，不难发现，失去是一种滋味，失去固然令人痛心，但失去不见得都是坏事。想想看，谁能保证那些失去的就是最好的、最适合你的？谁能保证那本该是属于你的？亦舒说：“失去的东西，其实从未真正属于你，也不必惋惜。”难道不是吗？人常说：“命里有时终须有，命里无时莫强求。”有些东西不属于你，就是你抢也抢不来；有些东西注定是你的，你躲也躲不了。

再者说，得不到的东西，你会一直以为它是美好的，可能是因为你对它了解太少，是不是？有些失去了的东西不一定都是值得珍惜的，如果得到了，你没准会厌恶它，主动不要它了。

即便所失去的确实弥足珍贵，你也不要太伤心。既然失去已成定局，就应该让它告一段落，及时调整自己的心态，及时总结，吸取教训。在以后的生活当中避免类似的问题产生。

大千世界，万种诱惑，而人生也不过百年，精力和时间都是有限的，所能承载的东西也有限，什么都想要会累死你，该放就放，该舍就舍。

世间最珍贵之物，乃是“把握现在的幸福”。一切都不会像我们期待的那般完美，失去了不再回来，回来的不再美好。就如同那些从篮中掉下的鸡蛋一样，能拣起来的只有已经破碎的蛋壳。

中国有一句老话“旧的不去，新的不来”是不无道理的，正因为有了失去，所以人们才会去努力，使自己重新再拥有更好的，这样社会才会进步。

人生不会总是在失去什么，也不会总是在得到什么，有失有得是一种规律。重要的是，得之惜之却不喜，失之受之却不悲，只要你追求过，努力过，付出过，又有何遗憾？

素心小语

人生最大的悲哀，并不是昨天失去得太多，而是沉浸于昨天失去的悲哀之中；人生最愚蠢的行为，并不是没有发现眼前的陷阱，而是第二次又踏进了同样的陷阱。

9. 生活是什么味道，关键在自己怎么调味

我们生活中的每一天都将会是一个非常积极的经历，这一天因为用于对成功的意义进行反思而成为倒计时进程的一个里程碑。今天，当我们对自己的变化感到高兴时，不妨拿出一点时间来为自己已经取得的成功庆祝一下。成功的意义不在于它的目标，而在于它的过程。在这个过程中，每前进一步都带有一份快乐。我们可以恶待每一天，但我们得不到什么；我们还可以善待每一天，并且我们可以得到许多。

说这一天是有意义的一天，并不表明我们是整天耽于乐观臆想的人，恰恰相反，我们是非常实际的人。这样说是因为，我们必须确定该如何看待自己的世界，因为我们明白即使是最惨痛的失败和最沉痛的经历，里面也蕴含着有价值的教训，每一个失败都使我们更接近成功。如果我们能够学会对自己生活中发生的每一件事情，无论是好的还是坏的，都得出正确的评价，我们就能够让自己每一天的生活愈加充实完美。这种生活态度激励我们不断地走向更大的成功。成功不是一件不得不久久等待的事情，不是一件只存在于遥不可及的未来的事情，成功存在于每一天前进途中的每一个能给我们带来欣喜的小小收获之中。现在就采取这样的生活态度，明白自己已经在许多方面获得了这样那样的成功，这会让我们感觉到无论自

己选择什么样的成功之路都是有意义的，从而更有信心地接近自己的成功目标。

曾有一位美国作家写过许多励志书籍，其中有一本是《只有渴望是不够的》，书中对生命的意义做出了阐述。书的作者不无尖锐地指出：我们都在努力走向成功，并竭力向周围的每一个人表明我们的努力。非常不幸的是，这种努力有的时候占据了我们的整个生活。我们从来没有时间去和周围的人们做有意义的接触，而是错误地认为以后会有时间再去弥补。我们总是忽视我们所爱的人，忽略每一天平常生活中的不平常趣味，总是到了一切都已经变得太迟时才惶恐地珍惜与懊悔。记住，在我们弥留之际躺在病榻上时，谁也不会去说："我希望把更多的时间用在生意上。"

人生如同一艘在大海中航行的帆船，掌握帆船航向与命运的舵手便是自己。有的帆船能够乘风破浪，逆水而行，而有的却经不住风浪的考验，过早地离开大海，或是被大海无情地吞噬。之所以会有如此大的差别，不因为别的，而是因为舵手对待生活的态度不同。前者被乐观主宰，即使在浪尖上也不忘微笑；后者是悲观的信徒，即使起一点风也会让他们胆战心惊，让他们祈祷好几天。一个人是面对生活闲庭信步，抑或是消极被动地忍受人生的凄风苦雨，都取决于他对待生活的态度。

一个人快乐与否，不在于他处于何种境地，而在于他是否持有一颗乐观的心。对于同一轮明月，在泪眼蒙眬的柳永那里就是："杨柳岸，晓风残月。此去经年，应是良辰好景虚设。"而到了潇洒飘逸、意气风发的苏轼那里，便又成为："但愿人长久，千里共婵娟。"同是一轮明月，在持不同心态的人眼里，便是不同的，人生也是如此。

二胡有两根弦，小提琴有四根弦，我国古代有七弦琴，国外乐器竖琴有十几根弦的，通行的有四十八根弦，这些弦相互配合才能使乐器发出和谐悦耳的音乐，一般来说，弦越多音乐效果越丰富。

但如果只有一根弦呢?

某著名音乐家在一场音乐会上演奏一首名曲，至半途，小提琴的弦忽然断了一根。这位音乐家没有中止他的演奏，而是用剩下的三根弦继续演奏。忽而又断了一根，这位音乐家一时兴起，干脆自己扯断了第三根弦，只用唯一的一根弦演奏完了这首曲子，却博得了热烈掌声。

某剧团鼓手和琴师不和，某次重要演出前鼓手在琴上做了手脚，当剧情发展到高潮，琴师正以他炉火纯青的技艺演奏时，一根弦断了。琴师用唯一的一根弦继续演奏，并给观众以一种全新的具有震撼力的感受。琴师从此声名大噪，鼓手从相反的方向成就了一个名琴师。

上天不会给我们快乐，也不会给我们痛苦，它只会给我们生活的作料，调出什么味道的人生，那只能在我们自己。我们可以选择从一个快乐的角度去看待它，也可以选择从一个痛苦的角度去看待它。就像做饭一样，我们可以做成苦的，也可以做成甜的，就看你怎么选。

素心小语

一个人快乐与否，不在于他处于何种境地，而在于他是否持有一颗乐观的心。对于同一轮明月，在泪眼蒙眬的柳永那里就是："杨柳岸，晓风残月。此去经年，应是良辰好景虚设。"而到了潇洒飘逸、意气风发的苏轼那里，便又成为："但愿人长久，千里共婵娟。"同是一轮明月，在持不同心态的人眼里，便是不同的，人生也是如此。

10. 换个角度，就能找到积极的那一面

世上万物，生命最为宝贵，人生的乐趣在于奋斗和创造中，在于不断克服困难前进的过程。它使人产生成就感和荣誉感，使人充分享受万物之灵的人类不断战胜神秘而广大无际的宇宙的自豪，不断超越自我、挑战自我的进取心。金钱、地位、荣耀和物质享受虽然能满足一时的心理和口腹的享受，却填补不了心灵的空虚和思想的苍白。

两千多年前的老子，清醒地认识到人类贪欲自私的弱点，告诫世人要千万注意，不要因争名逐利而丧生，要克制自已的欲望，“见素抱朴，少私寡欲”。顺应自然，知足知止，要知道“甚爱必大费，多藏必厚亡”的道理。物极必反，过分的爱惜会导致极大的耗费，过多的敛取必定导致重大的损失，盛极而衰，是历史所证明了的。所以，在名与利、得与失上，要时时刻刻保持清醒的头脑和明智的选择，只有这样，才可以“知足不辱，知止不殆”，你的生命、名声、利益才可以长久。

吃了亏的人说：吃亏是福。

丢了东西的人说：破财免灾。

逃过一劫的人说：大难不死，必有后福。

受人欺负的人说：不是不报，时候未到。

卸任的官员说：无官一身轻。

生不逢时的人常常用阿Q的话说：先前比你阔多了。

没钱人的太太说：男人有钱就变坏。

惧内的丈夫说：有人管着好呀，啥事都不用操心。

夫不下厨，妻跟人说：整天围着锅台转的男人没出息。

住在顶楼的说：顶楼好啊，上下楼锻炼身体，空气新鲜，还不受人骚扰。

住在一楼的人说：一楼好啊，出入方便，省得爬楼梯，怪累的。

被老板炒了鱿鱼，他对人说：我把老板炒了。

倘若你的心境因凡尘变得支离破碎，请别消极，请尝试站在新的角度，以一颗积极健全的心去对待生活中的点点滴滴。也只有这样，我们才能轻松、愉悦地走过人生的风风雨雨！

心灵小语

有时绝望孕育着希望，失去意味着新收获的来临！当你面对生活中的不如意时，不要放弃，不要以为迎接自己的就是失去，要拿出自己的平常心，也许换个角度，就跨越了得与失的界限。